过渡金属二硫属化合物
纳米复合材料的制备及应用

李 钊◎著

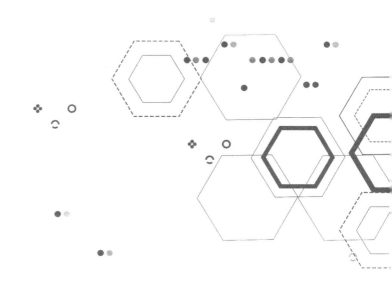

中国石化出版社

内 容 提 要

　　本书系统全面地介绍了过渡金属二硫属化合物的发展概况、制备方法、表征手段和应用领域。重点介绍了具有代表性的二硫化钼、二硫化锡和二硫化钛材料晶体结构；物理/化学性质、制备方法及其在工程领域的应用；阐述了过渡金属二硫属化合物在电化学转化及储能、光催化、热电材料、光电材料领域的广泛应用，并对过渡金属二硫属化合物纳米复合材料的性能进行综合评价。

　　本书可供复合材料研究工作者，尤其是从事过渡金属二硫属化合物纳米复合材料研究的教师及科研人员参考使用。

图书在版编目（CIP）数据

过渡金属二硫属化合物纳米复合材料的制备及应用 /
李钊著 . —北京：中国石化出版社，2022. 12
　ISBN 978-7-5114-6843-7

Ⅰ . ①过… Ⅱ . ①李… Ⅲ . ①过渡金属化合物–二硫
化物–纳米材料–复合材料–材料制备–研究 Ⅳ . ①TB383

中国版本图书馆 CIP 数据核字（2022）第 238204 号

中国石化出版社出版发行

地址:北京市东城区安定门外大街 58 号
邮编:100011　电话:(010)57512500
发行部电话:(010)57512575
http://www.sinopec-press.com
E-mail:press@ sinopec.com
北京艾普海德印刷有限公司印刷
全国各地新华书店经销

*

710×1000 毫米 16 开本 11 印张 217 千字
2023 年 6 月第 1 版　2023 年 6 月第 1 次印刷
定价:68.00 元

自 2004 年石墨烯被发现以来，与石墨烯有着类似结构的过渡金属二硫属化合物因其优异的电学和光学性能而被广泛研究，其由较强的层内共价键和较弱的层间范德瓦尔斯作用力相结合，因此，它具有独特的层依赖性，这一点有别于传统的块体材料。过渡金属二硫属化合物因其制备方法多样，可以被制备成各种形貌的材料。例如，通过合适的方法制备得到过渡金属二硫属化合物薄膜材料，并通过在层间插层小分子的方法，改变其晶体结构，最终改变其物理/化学性质。

自从过渡金属二硫属化合物被研究以来，制备多层稳定的膜材料出现了以下方法。一种是自上而下的方法，这是其中一种典型的方法，它是通过剥离块体的层状晶体，包括机械剥离法、化学碱金属插层剥离法、电化学插层锂剥离法、超声振荡直接剥离法、激光变薄技术。另一种是自下而上的方法，包括化学气相沉积法、湿法合成法。

目前的插层法已成为制备过渡金属二硫属化合物纳米复合材料的常见方法。同时，因其由过渡金属和硫组成，通过将硫气化并与过渡金属直接反应，可制得过渡金属二硫属化合物。这里的过渡金属源可以直接由过渡金属提供，也可以由含有过渡金属的化合物提供，如过渡金属氧化物和硫单质反应，同样可以得到过渡金属二硫属化合物。在此基础上，与其他物质复合，构筑纳米复合材料。同时，根据不同过渡金属的特性，可以利用其硫代化合物，经水热/溶剂热法而制得过渡金属二硫属化合物，该法制备的过渡金属二硫属化合物大多为纳米片或者纳米颗粒，被广泛用于能量储存器件、光催化及热电材料等领域。值得一提的是，根据目前多孔材料的制备方法，可以将过渡金属二硫属化合物制备成具有多孔结构的材料，在满足大比表面积的同时，兼具二维材料的优良特性。

本书共分为7章，第1章主要介绍过渡金属二硫属化合物、过渡金属二硫属合金化合物、过渡金属二硫属异质结化合物及其应用领域。第2章主要介绍了过渡金属二硫属化合物的制备方法，阐明其各自的优缺点。第3章介绍了过渡金属二硫属化合物纳米复合材料的制备方法、表征手段及其应用领域。第4章介绍了一种典型的二硫化钼纳米薄膜材料的制备方法、表征及其典型的应用。第5章介绍了二硫化钼纳米片复合材料的制备方法、表征及其在能量储存器件方面的应用。第6章介绍了二硫化锡纳米薄膜和纳米片的制备方法、表征及其在锂离子电池方面的应用。第7章介绍了一种基于二硫化钛的纳米复合材料的制备方法，材料表征，其在能量储存与转换器件、热电材料、储氢材料、医学领域、表面拉曼增强领域以及海水淡化领域的应用，并分析其广泛应用背后的结构原因。

本书系统地对过渡金属二硫属化合物的结构特性、物理/化学性质、制备方法、表征方法及应用进行了梳理总结，并阐述了过渡金属二硫属化合物纳米复合材料的制备方法，并分析获得高性能的方法，为未来制备具有二维层状结构的过渡金属二硫属化合物提供了一定的理论和实验支持，具有重要的指导意义。

本书获得西安石油大学优秀学术著作出版基金的资助，并获得陕西省科技厅自然科学基础研究项目(项目编号：2022JQ-109)和陕西省教育厅专项科研计划项目(项目编号：21JK0848)资助；在写作过程中，受到西北工业大学齐暑华教授的指导，部分数据来自西北工业大学，作者在此一并表示感谢。

由于作者水平有限，文中难免会有错误和疏漏之处，还请读者批评指正。

CONTENTS / 目录

1 过渡金属二硫属化合物

二维过渡金属二硫属化合物(Transition Metal Dichalcogenides，TMD)是一类新兴材料，在纳米尺度从传感到驱动领域，对光子和电子的新物理现象演示和应用，引起了科研工作者的极大兴趣。在过去十几年中，由于第一个晶体管的演示和二硫化钼单层中的强光致发光特性被发现，人们对过渡金属二硫属化合物的兴趣重新高涨。

2004 年，以石墨烯被发现为标志性事件，超薄二维材料因其优异的电学和光学性能而被广泛研究，超薄二维材料的种类繁多，如图 1-1 所示。六方氮化硼材料被认为是提高石墨烯载流子迁移率的理想模板。同时，其他二维材料也相继问世，如黑磷、g-C_3N_4、层状双金属氢氧化物、金属有机框架结构材料等。除此之外，过渡金属和硫源形成了大量的层状过渡金属二硫属化合物，作为超薄二维材料家族中最重要的一类化合物，引起了科研工作者的广泛研究。最开始研究过渡金属二硫属化合物，是从二硫化钼开始的，后续又发展到二硫化钨、二硫化钛、二硫化锡等。

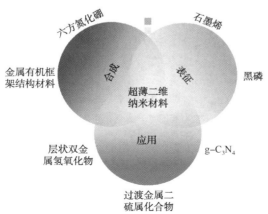

图 1-1　超薄二维材料所包含的材料种类

过渡金属二硫属化合物的发展，有着悠久的历史。1923 年，莱纳斯·鲍林首次确定了它们的结构。到 20 世纪 60 年代末，已知确定了 60 个 TMD 结构，其中至少 40 个具有层状结构。Robert Frindt 最早关于使用胶带制备超薄二硫化钼层的报告可追溯到 1963 年，而单层二硫化钼悬浮液的生产最早开始于 1986 年。在 20 世纪 90 年代，对碳纳米管和富勒烯进行研究促使其发展的同时，Reshef Tenne 等首先发现二硫化钨纳米管和嵌套颗粒，随后合成了二硫化钼纳米管和纳米颗粒。

1.1　过渡金属二硫属化合物

硫族元素与金属反应强烈，因此可以产生多种不同化学计量比的金属硫化物组合。其中最典型的是过渡金属二硫属化合物，这类化合物中的过渡金属和硫的原子数之比为 1∶2，单层过渡金属二硫属化合物由两层硫原子和一层过渡金属组成，过渡金属被夹在两层硫原子之间，呈现"三明治"结构，在层内金属和硫形成很强的共价键。而在层间，每一层垂直堆积，由很弱的分子间作用力相互作用。正因如此，块体的过渡金属二硫属化合物，容易被剥离成单层。常见的过渡金属二硫属化合物，有 H 相和 T 相，分别代表材料的半导体特征和金属特征。

不管是金属相还是半导体相，都包括两个四面体结构，如图 1-2 所示。在 H 相中，过渡金属和硫原子形成的四面体，上下堆成，形成三棱柱结构。而在 T 相的结构中，呈八面体结构，由上、下两个四面体旋转 180° 而来。从顶视图来看，

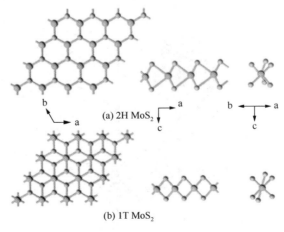

(a) 2H MoS₂

(b) 1T MoS₂

图 1-2　2H 相和 1T 相二硫化钼的晶体结构示意

过渡金属二硫属化合物的晶体结构，与六方氮化硼结构相似。同时，堆积结构也显著影响材料的物理性能，如电子能带结构。然而实际上，两个相同的硫原子被金属原子分隔成上下两个。在 1T 相中，顶层的原子投影到底层的原子之间。

对于扩展结构，过渡金属二硫属化合物的叠层顺序影响材料的物理性能，如电子能带结构、声子振动和光学性能等。通常情况下，1T、2H 和 3R 表明这种层状过渡金属二硫属化合物的堆垛方式。例如，2H 相的二硫化钼表示二硫化钼是按照"AB"型方式堆垛的，而 3R 相则表明，重复的三层为一组，按照"ABC"型的方式进行堆垛。2H 相属于六角空间群（空间群：P63/mmc），顶视图显示，六方晶格被交替出现的硫原子和过渡金属占据，所以主要的 2H 相呈现半导体特征。1T 相属于 P3 空间群（143），呈现八面体结构。同时，过渡金属原子的二聚化诱导畸变，使得 1T 相变成 1T′相，特别是二聚化诱导硫原子在面外上的位移，并且呈现 2 倍到 3 倍的对称变换，1T′相的 $MoTe_2$ 就是典型的代表物质。T_d 结构在 WTe_2 结构中被发现，类似于 1T′相结构。两者的不同在于 c 轴的角度，前者 $\alpha \neq 90°$，后者 $\beta = 90°$。3R 相（R3m）在一个单元中包括三层材料，如 NbS_2、$NbSe_2$、TaS_2 和 $TaSe_2$，经常出现在 H 相和 T 相中，也偶尔出现在 3R 相中。2H 型 MoS_2 占主导地位，因为其在本质上是热力学稳定的。

1.2 过渡金属二硫属合金化合物

在过渡金属二硫属化合物中，除了典型的过渡金属与硫元素按照 1∶2 组成的二元化合物外，还有一类化合物，其金属并非只由一种金属组成，而是几种过渡金属的组合。例如，常见的 T 相的 TiS_2 和 VS_2，都具有金属相特征，而各自有其优点。因此，可以采用特定方法合成合金化的 $Ti_xV_{1-x}S_2$，同样也包含 1∶2 的金属∶硫原子的结构。这种原子的交换，不管称为合金化还是掺杂，都是对两者性能的巨大改善，诱导其电学性质和声子性能的改善。例如，采用化学气相沉积的方法，制备 $Co_xMo_{1-x}S_2(0<x<1)$，当温度上升到 680~750℃ 时，在 $Co_xMo_{1-x}S_2$ 基体表面生长出优质立方形黄铁矿晶体结构 CoS_2，并在纳米片的诱导下，逐渐形成六方形薄膜，这种薄膜呈现半导体传输性能和半金属特征。在二维原子层厚度的过渡金属二硫属化合物中，MoS_2 和 WS_2 因其窄带隙而被广泛研究。因此，采用合金化方法制备 $Mo_xW_{1-x}S_2$ 获得良好的性能。

1.3 过渡金属二硫属异质结化合物

随着对石墨烯、六方氮化硼、过渡金属硫化物、磷烯等二维材料的深入研究和该技术快速发展，二维材料的异质结材料作为一种凝聚态物理和材料科学的研究前沿，逐渐进入研究人员的视野。从结构和材料角度，异质结提供了多种材料设计和制备的新方法。从物理角度，异质结能够呈现有趣的平台来研究新的物理知识，并探索多物质基本粒子之间的耦合作用。这些基于二维材料的异质结，揭示了电子与电子、电子和声子之间耦合的物理现象，以及源于层与层之间相互交互的物理规律。与单一的过渡金属二硫属化合物相比，这种异质结呈现出了优异的器件性能。异质结化合物的能带排列和载流子迁移率，可通过选择异质结中的组件来满足不同的应用需求。因此，通过精准的设计用于构建异质结的组件和排列顺序，可以创造多种新材料，并应用于多种高性能设备和应用系统。

根据二维材料的生长方向，一般有两种二维材料的异质结。一种是垂直生长的二维异质结，在这种结构中，不同的二维材料一层一层垂直堆积，它们之间没有很强的反应。另一种是侧向生长的异质结，不同种类的二维材料通过自组装连接在一起，一般以共价键最为常见。在相同的平面内，对于垂直异质结，层间的主要作用是分子间作用力，这种异质结有时候也被称为分子间作用力异质结。在不同层，这种结构没有或者有很少的晶格匹配的要求。正因如此，有很多种方法可以用来制备垂直生长的异质结，主要包括机械剥离法、二维材料连续沉积法、一步或多步化学气相沉积法等。

1.4 过渡金属二硫属化合物的应用

自 2004 年单层石墨烯被成功地剥离制备以来，因为优异的物理和化学性能，原子层厚度的类石墨烯二维材料引起了科研工作者极大的兴趣。科研工作者不仅将研究重点集中在它的基础研究，而且也集中在其工业化生产中，并且将这类材料广泛用于能源储存和转化、光电子、催化等领域。

与石墨烯结构相似的过渡金属二硫属化合物是一种典型的低维类石墨烯材料，其在层内具有较强的共价键，而层间以较弱的分子间作用力结合，具有独一无二的结构、优异的性能和极具前景的应用优势。因此，过渡金属二硫属化合物材料的研究已成为凝聚态物理、材料科学、化学及纳米科学中的热门研究对象。过渡金属二硫属化合物是一种由过渡金属与硫构成的化合物，其基本结构式为 MX_2，其中 M 表示金属，X 表示硫。常见的过渡金属二硫属化合物包括 MoS_2、WS_2、SnS_2 等。过渡金属二硫属化合物具有强的面内共价键和弱的层间分子间作用力，因此容易被剥离为单层二硫化物，其性质与石墨烯相似。

1.4.1　电子/光电器件

在过去 20 年中，一维纳米材料，特别是碳纳米管（CNT）和硅纳米线，在追求新一代电子产品的过程中引起了极大关注，应用范围从驱动电路扩展到有源矩阵和高性能微处理器。然而，自从发现石墨烯以来，超薄二维纳米材料已经取代一维纳米材料成为这一研究的中心。研究表明石墨烯具有极高的电子迁移率，但其电子应用因缺乏带隙而受到阻碍。作为替代方案，新兴的二维半导体纳米材料，如过渡金属二硫属化合物和黑磷纳米片，通过其相对较高的载流子迁移率和可调谐的能带结构提供了解决方案。因此，具有单层到几层厚度的超薄二维半导体，由于其优异的机械和电子特性而成为纳米电子学研究的焦点。

二维半导体的超薄特性使它们具有高灵活性的同时，可以抵抗短通道效应。此外，层状二维纳米材料表面不存在悬垂键，从而缓解了表面散射效应。由于这些独特的性质，许多二维半导体，包括 MoS_2、$MoSe_2$、$MoTe_2$、WS_2、WSe_2、GaTe 和 BP，已被探索在不同的电子和光电领域应用。其中，块体的二硫化钼已经被研究了几十年，但这种材料用于光电材料器件是从近几年开始的。大多数过渡金属二硫属化合物都是具有小带隙的金属或半金属，而其他过渡金属二硫属化合物是半导体，如 MoS_2、$MoSe_2$、WS_2 和 WSe_2，在电子学和光电子领域具有巨大潜力。由于器件物理性能的相似性，二硫化钼纳米片是过渡金属二硫属化合物大家庭的代表性示例。

二硫化钼用于场效应晶体管，要追溯到 2005 年，而在 2011 年，其通/断比可达到 10^8，室温的迁移率更是达到 $100cm^2/(V \cdot s)$。原子级薄的二硫化钼被认为是下一代电子产品有前途的材料，因为它具有大的带隙、出色的化学和热稳定性，以及出色的抗短沟道效应。最初的研究集中在具有高晶体质量和少缺陷的机械剥离的二硫化钼。图 1-3 所示为在 SiO_2 衬底上的机械剥离单层二硫化钼用于场效应晶体管的示意。

MoS_2 的带隙从多层中的 1.2eV 间接带隙变化到单层中的 1.9eV 直接带隙。对于其他二维过渡金属二硫属半导体，如 $MoSe_2$、WSe_2 和 WS_2，也观察到类似的带结构层依赖性。由于量子力学限制，单层 MoS_2 是一种直接带隙半导体，具有大的吸收系数，因此在光电子领域很受欢迎。Kis 等的研究表明，基于机械剥离 MoS_2 的光电探测器可以实现 $880AW^{-1}$ 的最大外部光响应率。将 MoS_2 晶体管封装在 HfO_2 中，进一步将性能提高到 10^4AW^{-1}，响应时间为 10ms，制备过程如图 1-4 所示。

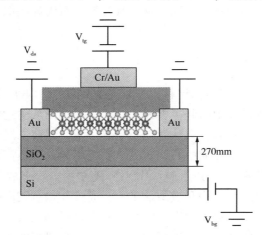

图 1-3 单层二硫化钼用于场效应晶体管的示意

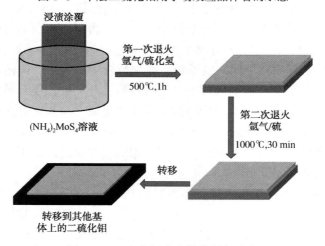

图 1-4 二硫化钼光电器件制备示意

1.4.2 电催化

超薄二维纳米材料特别的结构、电子特性及固有特性（如超高比表面积和可调工程结构)为电催化的众多潜在应用开辟了道路。通过各种成熟的方法，可以制备具有各种成分的超薄二维纳米材料。相应地，这些超薄二维纳米材料已被广泛地用于诸多电化学催化系统中，在很多重要电催化反应中都有应用，包括析氢反应(HER)、析氧反应(OER)等。

(1) 析氢反应

析氢反应包括溶液中的质子与电极上的电子结合形成氢气的过程。密度泛函理论(DFT)计算表明，HER 的良好催化剂应满足一个标准，即吸附在催化剂上的氢原子的吉布斯自由能(ΔG_H)应接近于 0。受自然界固氮酶活性位点的启发，$2H-MoS_2$ 纳米颗粒被预测为 HER 的一种有前途的活性电催化剂，对于钼金属封端的锯齿形二硫化钼，其 ΔG_H 仅为+0.08eV。Chorkendorff 团队进一步实验研究建立了 Au(111)上二硫化钼密度与 HER 活性的直接相关性。交换电流密度与二硫化钼边缘长度的线性关系，以及二硫化钼与覆盖面积的无关关系，揭示了 HER 的活性位点位于边缘而不是基面。

随着超薄二维过渡金属二硫属化合物纳米材料制备技术的快速发展，二硫化钼及其类似物已被作为酸性介质中的 HER 催化剂进行研究。与块体材料相比，超薄二维过渡金属二硫属化合物纳米材料对 HER 而言是更好的电催化剂，主要归因于高的表面体积比和独特厚度的相关电子结构。Yu 等报道了 2H 相二硫化钼每增加一层，催化性能就下降 4.47 倍。对于二硫化钼纳米颗粒也观察到这种依赖于厚度的 HER 活性。也就是说，二硫化钼纳米颗粒的翻转频率呈准线性，层数减少。Gao 等报道了具有层间间距的膨胀二硫化钼纳米片，层间距为 9.4Å，使电子结构接近其单层等效物。此外，DFT 计算表明，与未膨胀的二硫化钼纳米片相比，膨胀的二硫化钼纳米片在 Mo 边缘上的氢吸收能(ΔE_H)降低了约 0.05eV。膨胀的二硫化钼纳米片降低 ΔE_H 使 Mo 边缘上的质子吸收动力学快速。丰富的活性边缘位点和改进的边缘电子结构的扩大层间距离的优势，导致二硫化钼催化剂的高性能(图 1-5)，这些结果强调了利用超薄二维纳米材料作为 HER 电催化剂的重要性。催化活性是评价任何催化剂功效一个非常重要的参数。HER 的催化剂活性由两个因素决定：活性位点的数量和每个位点的固有活性(转换频率)。为了设计性能更好的催化剂，需要设计具有高活性位点密度和高活性位点固有活性的催化剂。原始过渡金属二硫属化合物纳米材料的边缘位点作为 HER 的活性位点，提高其活性的直接策略是尽可能高地暴露边缘位点。

考虑这一点，减小二维过渡金属二硫属化合物催化剂的尺寸，以增加每单位体积的活性位点的数量，是提高其活性的有效方法。具有优先暴露的活性边缘位点的介孔二硫化钼纳米膜，对于源自高表面和大部分边缘位点的 HER 显示出优

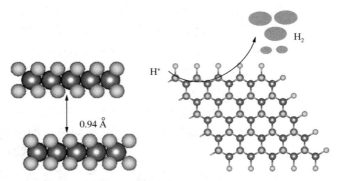

图 1-5　二硫化钼用于 HER 示意

异的活性。Yang 等报道了顶部表面完全被边缘位点覆盖的单晶二硫化钼纳米带的 HER 起始电位，低于单层二硫化钼。为得到边缘位点增加的单层二硫化钼，通过低压化学气相沉积方法在晶格失配 $SrTiO_3(001)$ 衬底上合成了树枝状二硫化钼纳米片。

　　由于通过二硫化钼基面测得的电阻率比平行于基面的电阻率大 2200 倍，因此，用于 HER 的二维过渡金属二硫属化合物基纳米片的理想结构是垂直生长在衬底上。这种结构可以实现活性位点的高密度曝光，同时减少电子传输的电阻损失。Cui 等提出了一种在平面衬底上生长垂直排列的晶体 MoS_2 或 MoS_2 薄膜的简便方法，该方法在薄膜表面上具有最大限度的暴露边缘位置，得到的薄膜非常适用于 HER，显示出高交换电流密度。该方法已扩展到在弯曲导电衬底上得到垂直取向的 $MoSe_2$ 和 WSe_2 薄膜，与平面衬底上的性能相比，该方法表现出更高的性能。

　　对于超薄二维过渡金属二硫属化合物纳米片，这种几何结构会导致相互重叠的趋势，并产生以下一些问题：①活性边缘部位可能部分嵌入，导致活性丧失；②再堆积阻碍了电子转移过程。因此，在 HER 电极制造过程中，保持二维过渡金属二硫属化合物纳米材料的分散性是一个关键问题。解决该问题的一种简单方法是使用导电载体来改善二维纳米材料的分散性。同时，导电载体还可以提高导电性，从而提高催化剂的活性。Chen 等报道了一种制备 $MoO_3@MoS_2$ 复合材料的新方法。通过对制备的 MoO_3 纳米棒进行硫化，在基底上形成核/壳纳米线阵列。在这项工作中，MoO_3 纳米线用作导电芯，涂层的 MoS_2 纳米片作为 HER 的催化剂。此外，用金属纳米颗粒(如 Au、Pd 和 Pt)装饰二维过渡金属二硫属化合物纳米片，可以在物理上抑制纳米片的再堆积，改善电荷转移和质量传输，增强其活性。除了增加每单位体积边缘位置的数量外，增加整体周转频率是提高超薄 TMD 纳米片活性的另一种有效方法。为实现这一目标，已经使用引入缺陷和/或应变以激活额外的位点，用杂原子掺杂二维过渡金属二硫属化合物以调整其电子结构和相位工程等方法。

缺陷通常存在于二维过渡金属二硫属纳米材料(通过剥离和 CVD 方法制备的天然二硫化钼和单层二硫化钼)中，并且在调整其电学和光学性质方面发挥了重要作用。这些缺陷具有不同的电子结构，因此引入缺陷可能会为 HER 带来额外的活性位点。Xie 等报道了富缺陷二硫化钼纳米片的制备，从 HRTEM 图像中可以在纳米片上发现大量位错和变形，并且二硫化钼的(001)面彼此略微旋转。与纯二硫化钼相比，产生的缺陷丰富的纳米片显示出增强的 HER 性能，起始电位为 120mV。2H 相二硫化钼基面对 HER 是惰性的，但其表面积比超薄二维纳米片的活性边缘部位大得多。激活二硫化钼基面，将大大增加其活性，Lee 等报道了当对化学剥离的二硫化钼纳米片增加机械拉伸应变时，其 HER 性能大大增强。拉伸应变诱导的二硫化钼纳米片，显示出比无应变纳米片更陡峭的极化曲线和更低的塔菲尔斜率。另外不可控因素，如暴露在边缘的位点数量和加载应力，不能排除在实验考虑的因素之外。Tan 等采用化学气相沉积法在多孔的金基体上合成了单层的二硫化钼，在环形亮场的 STEM 图像下显示，S-Mo-S 的键角在弯曲的金衬底上出现明显的变化，表明单层二硫化钼在全区的金衬底上经历了严重的面外应力，如图 1-6 所示。同时，单层二硫化钼被发现缺少不协调的步骤和晶格缺陷。这些性质反映出带有晶格应力的单层二硫化钼是研究催化性能的理想系统。HER 性能测试表明，与平面的二硫化钼纳米片和垂直生长的二硫化钼薄膜相比，

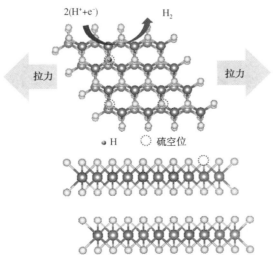

图 1-6　在基面上具有应变硫空位的二硫化钼顶视图和侧视图

在多孔金衬底上带有应力的单层二硫化钼，具有低的初始过电位和塔菲尔斜率。Li 等报道了通过引入硫空位和应力来激活平面二硫化钼的新方法，其中应力通过二硫化钼和图形化的金纳米椎体支撑，并且硫空位通过氩气等离子体处理得到。像差校正 STEM 图像表明，硫空穴通过氩气等离子体被成功引入，并且通过控制等离子体处理时间可以控制硫空穴的数量。

为了研究应变和硫空位对单层 2H-MoS$_2$ 催化 HER 活性的单独和累积影响，实验测试了转移的 MoS$_2$（应变为 0、硫空位为 0）、无硫空位而有应变的 MoS$_2$（S-MoS$_2$）、带硫空位的无应变 MoS$_2$（V-MoS$_2$）、带硫空位又有应变的 MoS$_2$（SV-MoS$_2$），以及金衬底和铂电极。从线性扫描伏安图（LSV）结果可以看出，转移的 MoS$_2$ 具有非常低的 HER 活性，因为主基面对 HER 是惰性的。单独的 S-MoS$_2$ 仅略微增加了 HER 活性，而单独的硫空位 V-MoS$_2$ 显著增加 HER 活性。应变和硫空位（SV-MoS$_2$）结合导致 HER 活性更高。相应的塔菲尔曲线显示，应变将塔菲尔斜率从 98mV/dec 降低到 90mV/dec，而硫空位将塔菲尔斜率降低到 82mV/dec。相比之下，应变和硫空位结合将塔菲尔斜率降低到 60mV/dec。应注意的是，在相对于可逆氢电极电势为 0V 的情况下，SV-MoS$_2$ 的每个硫空位的转换频率为 0.08～0.31s^{-1}，其优于垂直生长的二硫化钼膜。

在二维过渡金属二硫属纳米材料中掺杂过渡金属，如铁、钴和镍，可以显著改变化学键状态，从而提高其活性。Kibsgaard 等进行的 STM 研究表明，掺杂剂主要位于二硫化钼纳米团簇的硫边缘，从而改变了氢结合能。DFT 计算表明，共掺二硫化钼的硫边缘的氢结合能 ΔG_H 从未改性二硫化钼的 0.18eV 降至 0.10eV，而钼边缘的 ΔG_H 在 0.08eV 时不受影响。掺入原子的作用是通过激活硫边缘来提高纳米结构二硫化钼催化剂的活性。因此，是否可以通过掺杂策略进一步将氢键能降低至 0，仍然是一个悬而未决的问题。除了在硫边缘掺入掺杂剂外，平面内掺杂形成混合二维过渡金属二硫属化合物，是另一种实现 HER 更高活性极具前景的方法。与原始半导体二硫化钼相比，层内掺钒的二硫化钼显示出半金属性质。得益于增强的电子导电性和改善的载流子浓度，掺钒的二硫化钼显示出改善的 HER 活性，起始过电位为 130mV。除了过渡金属掺杂外，阴离子原子掺杂还可以提高二维过渡金属二硫属化合物纳米片的 HER 活性。

过渡金属二硫属化合物纳米材料的相工程，是开发具有高催化活性的二维过渡金属二硫属化合物催化剂的另一个策略。对单层二硫化钼的理论计算表明，1T′相和 2H 相在正常条件下是稳定的，而 1T 相是不稳定的，无法实现。同时，已经预测 1T′相是最活跃的多型，因为其基面和边缘位点都是 HER 的活跃位点，而 1H 和 1T 多型的基面对 HER 是不活跃的，其边缘位点没有 1T′多型的活跃。

研究发现，在温和加热条件诱导下，通过亚稳态 1T 相中间体，在多步过程中转变为 2H 相。使用 TEM 可以实时诱导和监测过渡金属二硫属化合物纳米片的相变，并且可以在适当的辐照条件下可逆地调节稳定的 2H 相和亚稳定的 1T 相。插层反应可以提供额外的电子，将二硫化钼从 2H 相转变到 1T 相。Wang 等研究发现，通过控制插层 Li 的量来调整过渡金属二硫属化合物的多个重要特性，包括调整 Mo 的氧化状态、半导体 2H 相向金属 1T 相的转变，以及扩大范德华间隙直到剥离。锂插层对二硫化钼的电子结构至少有三种影响，即增加层间距以改变能带结构、通过改变 d 带填充降低 Mo 的氧化状态，以及诱导从半导体 2H 相到金属 1T 相的相变。由于其金属性质，1T 相二硫化钼纳米片显示出比 2H 相更高的 HER 活性，这归因于温和的电极动力学、低损耗的电输运和高密度的催化活性位点。Voiry 等研究发现，1T 相二硫化钼纳米片上主要活性位点的来源是基面，而不是边缘。结果表明，2H 相二硫化钼活性在氧化后显著降低，可能是由于边缘位点氧化，而 1T 相二硫化钼在氧化后保持不变。将锂嵌入的 1T 相二硫化钼纳米颗粒装载在具有高比表面积的碳纤维纸上，进一步提高其性能，交换电流密度仅为 200mV 过电位下的 $200mA/cm^2$。金属 1T 相二硫化钨纳米片以非常低的过电位促进析氢。高分辨率 STEM 图像证实存在失真的 1T 相位（如 1T′相位）。计算表明，当应变达到 2.7% 时，氢吸附的自由能从无应变的 0.28eV 降低到 0eV。

（2）析氧反应

除了析氢反应外，过渡金属二硫属化合物在析氧反应（Oxygen Evolution Reaction，OER）上也有广阔的应用前景。其中最典型的当是电解水反应，OER 通常是动力学滞后的，导致较大的动力学过电位损失。传统的 OER 的催化剂是金属氧化物，大多为贵金属氧化物，如 IrO_2 和 RuO_2，但这些贵金属元素在地球上的储量少，而且其价格高昂。因此，发展低成本、地球储量丰富的高效催化剂尤为迫切。在过去几十年，过渡金属氧化物被广泛研究用作碱性介质的 OER 催化剂。

Du 等提出了一种高级普鲁士蓝衍生物（PBA）/过渡金属二硫属化合物（TMD）杂化物的设计和构建，该杂化物结合过渡金属二硫属化合物对析氧反应（OER）的固有电催化活性，以及 TMD 和 PBA 的阳光响应。因此，多孔框架、工程表面缺陷和丰富的氧空位赋予了它们对 OER 显著增强的电催化性能。这是由于扩大了电解质可触及表面、高结构完整性及丰富的电子和传质路径。此外，它们还可以实现具有显著高电流密度和低过电位的光辅助氧化反应。机理研究表明，OER 的改善主要归因于光驱动和电驱动的水氧化反应的结合，其中从 PBA 到 TMD 的光生电子转移导致 PBA 中的光生空穴更有利于水的氧化，并降低了过渡金属二硫属化合物的析氧反应的活化能。这项工作展示了 PBA/TMD 杂化物的光助电催化水氧化能力，并为设计和构建高性能光照水分解电催化剂提供了新途径。

过渡金属二硫属化物（TMD）作为一种先进的析氧反应（OER）电催化剂，具有巨大的潜力，但迄今为止，过渡金属碲化物催化剂对该反应的活性较差。Wu等报道了通过在 Te 空位中掺杂二次阴离子来激活 $CoTe_2$ 的 OER，从而触发从六方相到正交相的结构转变。所获得的部分空位被磷掺杂占据的正交晶系 $CoTe_2$ 显示出优异的 OER 催化活性，在10mA/cm 电流密度下的过电位仅为241mV 和超过24h 的强大稳定性。结果表明，缺陷相变是可控的，并允许空位、掺杂和重构晶体结构的协同作用，确保更多的催化活性位点暴露、快速电荷转移和能量有利的中间体。这种空位占据驱动的结构转变策略也可通过 S 和 Se 掺杂来操纵，这可能为开发用于 OER 的碲酸盐基电催化剂提供指导。

1.4.3 能量储存器件

可充电电池是我们日常生活中重要的储能设备之一，与原电池相比成本更低，对环境的影响更小。随着对更强大的电子设备的需求不断增长，目前开发的可充电电池仍然受到其能量密度低、循环寿命短、充电速度慢、成本相对较高、火灾风险等因素的限制。因为电极材料的性能显著影响可充电电池的性能，开发具有新型结构和表面性能的新型电极材料对于提高可充电电池的性能具有重要意义。以石墨为例，作为锂离子电池最常用的负极，石墨的理论容量为372mA·h/g，剥离后，单层/多层石墨烯纳米片的理论容量（744mA·h/g）增加了1倍，这是因为可以有效利用石墨烯纳米片的双面结构。

与石墨相比，石墨烯的二维晶体结构具有许多优点，如促进电解质离子的插层/脱层，缓冲由于二维纳米片弹性引起的电极材料的体积膨胀，以及增强表面/界面储锂性能。此外，石墨烯在剥离过程中产生的表面缺陷和薄片边缘可作为储锂的活性位点，导致石墨烯的比容量高于其理论值。研究表明，石墨烯纳米片在100mA/g 电流密度下经过40次充/放电循环后，仍然有848mA·h/g 的高可逆容量。在50mA/g 电流密度下经过30次充/放电循环后，掺硼石墨烯显示出高达1327mA·h/g 的超高容量，部分原因是由于掺杂石墨烯纳米片上产生的杂原子缺陷，增加了活性位点。由于石墨烯的大表面积和高导电性，它还可以用作基质，通过形成复合电极防止其他高容量活性材料（如金属氧化物/硫化物）聚集，从而显示出增强的比容量、倍率能力和循环性能。

作为典型的石墨烯类似物，二硫化钼具有以下储锂机制：$MoS_2 + 4Li^+ + 4e^- \Longrightarrow Mo + 2Li_2S$，因此，具有更高理论容量（670mA·h/g）的层状结构，其作为 LIBs 的负极材料已被深入研究。虽然具有较高的初始容量，但块体二硫化钼通常在持续的充/放电循环中，或在增加的充/放电倍率下表现出容量的快速衰减。这种现象被认为是由于大块二硫化钼的大体积膨胀及锂离子插入大块二硫化钼层间的高能量势垒引起的电极粉碎造成的。

相比之下，二维二硫化钼纳米片由于锂离子的较短扩散路径和较大的表面活性中心而显示出显著增强的锂离子电池性能。研究表明，通过剥离块体的二硫化钼制备的二硫化钼纳米片，在 50mA/g 电流密度下，经过 50 圈充/放电循环后，其可逆容量仍然可达到 750mA·h/g。相似的结果在其他二维材料中也被发现，如二硫化钨、二硫化钒、二硫化锡等，结果表明在可充电电池中，二维材料具有明显的优势和前景。图 1-7 所示为二硫化钼纳米片的制备示意，二硫化钼纳米片中包含无序的类石墨烯层，提升了电化学性能。

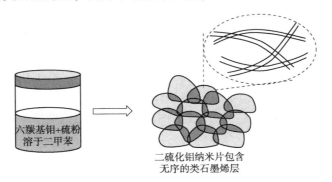

图 1-7　包含无序的类石墨烯层的二硫化钼纳米片的制备示意

（1）锂离子电池

锂离子电池是一种典型和常见的储能设备，已广泛应用于便携式电子设备和电动汽车等领域，锂离子电池的商业化负极材料石墨的理论容量（372mA·h/g）相对较低，因此，研究人员致力于寻找性能更好的替代石墨材料的研究。在过去的几年中，相继发现大量具有更高理论容量的材料，如钴、铁、锡基氧化物和硫化物，已被用于锂离子电池研究。尽管这些材料具有很高的理论容量，但由于它们在锂离子插层过程中的严重体积膨胀，导致其循环性能通常较差。为了解决这一问题，研究人员开发了许多策略来构建各种复杂的纳米结构，如空心结构、核壳结构和多孔结构等。Jiang 等报道，将超薄的二氧化锡材料用作锂离子电池负极时，在 156mA/g 电流密度下，经过 50 次充/放电循环后可逆容量为 534mA·h/g，远高于二氧化锡纳米颗粒（355mA·h/g）和空心球对应物（177mA·h/g）。这充分表明电极结构对电池性能有显著影响。

具有单层或多层厚度的超薄无机二维纳米片，是可用于锂离子电池的典型二维纳米材料，通过重新堆叠这些超薄无机二维纳米片制成的电极，具有高表面积和丰富的边缘位置。重新封装的纳米片与其对应的块体材料相比，有更大的层间距离，这不但有利于锂离子插入和脱插，而且对电极的体积变化具有更大的耐受性，从而提高了比容量和电化学稳定性。通过重新填充剥落的二硫化钼纳米片制造的电极，提供的可逆容量在 50mA/g 电流密度下 50 次循环后仍然为 750mA·h/g，比块体二硫化钼电极（226mA·h/g）有更好的性能表现。重新堆垛的二硫化钼电极的良好循环性能，与二硫化钼层间距增大（0.635nm）和高比表面积有关。Zhang 等的研究表明，当硫化铜用作锂离子电池负极时，硫化铜纳米片的比容量在 0.2A/g 电流密度下经过 360 次充/放电循环后，比容量仍然可达到 642mA·h/g，超过其他硫化铜纳米结构。许多其他无机二维纳米片也已被探索用作锂离子电池负极，如 MXenes、金属基纳米片和二维异质纳米结构。

由于分子间作用力的相互作用，二维纳米材料倾向于重新堆叠在一起，在电极制造过程中形成不可逆的团聚，导致其超薄二维结构特性产生的一些特殊性能损失，如高密度的活性位点和大的表面积。研究表明，三维多孔结构的制备，能够有效防止石墨烯的聚集，同时保持二维纳米片的优异固有特性。合成三维石墨烯基材料在应用中表现出良好的性能。因此，通过使用二维纳米材料作为构建块来创建三维体系结构有望解决聚集问题，为实现二维纳米材料的实际应用提供了一条有前途的途径。将二维纳米片组装到具有各种形态的分层三维架构中是一种极具吸引力的策略，如纳米线、纳米管、纳米盒、纳米球和纳米花结构。这些三维结构能够有效防止二维纳米片的聚集，并在很大程度上暴露其表面积和活性边缘位点。除了保留二维纳米材料的固有特性外，组装的三维结构也产生新的特性。Wang 等的研究表明，由单层二硫化钼组装而成的二硫化钼纳米管在锂离子电池中作为负极材料表现出优异的电化学性能，在 100mA/g 电流密度下经过 50 次充/放电循环后，其可逆比容量为 839mA·h/g，在 5A/g 高电流密度下，其倍率容量为 600mA·h/g。

此外，在超薄二维纳米材料上的孔隙也是防止电极材料因体积膨胀而被破坏的有效方法，并可以缩短锂离子扩散长度，提高倍率能力。Zhao 等报道了多孔石墨烯纳米片在锂离子电池中作为负极材料的应用，在 100mA/g 电流密度下，仍然有 1040mA·h/g 的高可逆容量，优于其他多孔碳基负极，该策略也可用于制备其他多孔无机二维纳米材料。二维大孔 Co_3O_4 纳米片在 30 次充/放电循环后表现出优异的循环性能，容量没有明显下降。相比之下，Co_3O_4 的其他形态，即纳米颗粒和棒状结构，在循环过程中显示出容量的快速衰减。Co_3O_4 大孔纳米片也显示出良好的倍率性能，在 2C 放电速率下可逆容量为 811mA·h/g，这得益于锂离子的大表面积和短扩散长度。

（2）非锂离子电池

锂离子电池自20世纪90年代首次被商业化应用以来，一直是便携式电子产品（如手机、笔记本电脑和数字手表）的主要电源。其具有清洁和可持续的特点，锂离子电池是有前途的电动汽车电源。虽然锂离子电池的前景很好，但含锂矿物数量有限，在地球上分布不均，直接导致锂元素价格上涨，以及需要大锂浓度的大型固定式蓄电装置，进而显著制约电动汽车商业化锂离子电池的进一步发展。因此，开发基于成本效益高的电极材料的其他类型的电池，对于大规模可再生能源存储设备来说尤为重要且紧迫。到目前为止，由于成本相对较低且含有丰富的元素，已开发出众多的电池体系，如钠离子电池、镁离子电池和铝离子电池。

钠离子电池（SIB）是锂离子电池最具前途和吸引力的替代品。丰富的钠资源使钠离子电池具有显著的成本优势，在大型储能系统中成为锂离子电池的代替器件。钠离子的大尺寸（半径为0.102nm）使得大多数用于锂离子电池的电极材料不适用于钠离子电池。石墨被认为是钠离子电池的非活性负极材料，因为其较小的层间距离限制了钠离子的嵌入。Wen等的研究表明，石墨在膨胀后是一种很有前途的钠离子电池负极材料，具有较长的循环寿命，其在20mA/g电流密度下，可逆容量为284mA·h/g，容量保持率为100%。在100mA/g电流密度下进行2000次充/放电循环后，其容量保持率仍然可达到74%，膨胀石墨的制备过程如图1-8所示。为基于地球丰富的石墨资源开发钠离子电池电极材料提供了一种经济有效的方法。膨胀石墨的比容量（20mA/g电流密度下，比容量为284mA·h/g）仍然相对较低，这与其他电极材料，如剥离的二硫化钼纳米片（40mA/g电流密度下，比容量为386mA·h/g）相比，仍然有较大的差距。

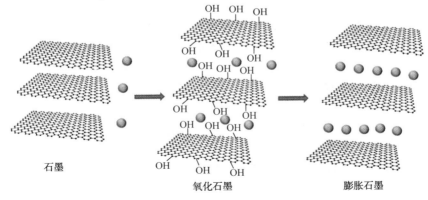

石墨　　　　　　　氧化石墨　　　　　膨胀石墨

图1-8　膨胀石墨的制备过程示意

除了膨胀石墨外，研究人员还探索了超薄二维纳米材料作为钠离子电池的电极材料，如 TMD、MXenes、MoO_{3-x} 纳米片和黑磷。Chen 等揭示了二硫化钼纳米片的层间距离对其钠离子电池性能起着至关重要的作用。电化学结果表明，具有最大层间距离（0.69nm）的二硫化钼纳米片表现出最佳的电化学性能，经过 1500 次充/放电循环后，在 1A/g 和 10A/g 电流密度下，可逆容量分别为 $300mA \cdot h/g$ 和 $195mA \cdot h/g$。这表明二硫化钼的层间距离增大，有利于提高电极的电化学稳定性，并导致快速反应动力学，从而使钠离子更容易嵌入/脱嵌到二硫化钼结构中。Cui 等报道了一种厚度为 2~5nm 的钠离子电池电极，通过将磷烯与石墨烯混合以形成具有三明治结构的黑磷/石墨烯杂化物来制备电极。其中，石墨烯可以用作弹性缓冲层以防止电极材料的大体积膨胀（~500%），这是由于钠化过程中 Na_3P 合金的形成。因此，混合电极在 0.02C 倍率下显示出 $2440mA \cdot h/g$ 的超高容量，接近钠离子电池的理论比容量（$2596mA \cdot h/g$）。混合电极表现出良好的循环性能，经过 100 次充/放电循环后，其初始放电容量在 0.02C 倍率下保持 85%。即使在 10C 的大倍率下，容量保持率仍为 77%，表明具有良好的电化学稳定性。

超薄二维纳米材料在锂硫电池的应用中也被广泛研究，主要是因为锂硫电池具有高能量密度（2600W·h/kg），基于 $S+2Li^{+}+2e^{-}\xrightarrow{}Li_2S$ 的氧化还原反应，其理论容量高达 $1675mA \cdot h/g$，是非锂储能应用的理想候选电池体系。硫黄资源的自然丰富性也使锂硫电池与锂离子电池相比，具有成本效益和可持续性。虽然锂硫电池已经被研究超过 30 年，但锂硫电池的循环性能仍然很差，其中限制锂硫电池实际应用的重要问题，就是锂硫电池充/放电过程中的多硫化物溶解，即"穿梭效应"。在典型的锂硫电池中，中间多硫化锂（Li_2S_n，$n=4\sim6$）可溶解在电解质中并在电极间来回穿梭。

这种副反应不仅会导致电极材料的损失，还会导致正极表面钝化，导致锂硫电池在循环过程中库仑效率低，容量迅速下降。为了解决这种"穿梭效应"，开发与硫有强烈相互作用并将硫牢固固定在电极上的新型电极材料/结构，对于锂硫电池实现锂的高循环性能至关重要。超薄二维纳米材料具有的高比表面积和在基面及边缘上的大量活性位点，可通过化学键合或物理吸附有效限制。具有较大横向尺寸的超薄二维纳米材料还可通过截留多硫化物，并防止其溶解在电解液中来抑制穿梭效应，超薄二维纳米材料在锂硫电池中也具有广阔的应用前景。由于碳和硫的亲和力，碳基二维纳米材料已被证明是很有前途的锂硫电池的电极材料，高比表面积（~$2600m^2/g$）、超高电导率和优异的结构稳定性的石墨烯已被广泛用于锂硫电池的研究中，超薄二维纳米材料可通过在超薄二维材料和硫元素之间形成化学键或物理吸附来限制多硫化物溶解，同时能够在层间间隔内捕获形成

的 Li_2S_n，起到良好的物理捕捉剂的作用。

除了与硫形成化学键之外，超薄二维纳米材料还可以作为物理捕捉器，稳定锂的正极材料。Wang 等证明石墨烯包裹的硫纳米颗粒电极材料，经过 100 次充/放电循环后仍然有 600mA·h/g 的比容量。类似的策略也应用于过渡金属二硫属化合物，其中过渡金属二硫属化合物纳米片用作主体材料。在这项工作中，过渡金属二硫属化合物薄膜，即二硫化钛、二硫化锆和二硫化钒，被涂覆到硫化锂纳米颗粒上以形成相应的 $Li_2S@TMD$ 核壳结构。生成的过渡金属二硫属化合物膜充当硫化锂的物理屏障，以防止其在电解液中溶解，制备过程如图 1-9 所示。与石墨烯核壳不同，可以在硫化锂和二硫化钛之间形成 2.99eV 的键能，从而将穿梭效应降到最低。因此，硫化锂@二硫化钛复合物呈现优异的循环性能，在 583mA/g 电流密度下，经过 400 次的循环后仍然有 77% 的容量保持率。同时也具有良好的倍率性能，如在 0.2C 和 0.4C 的倍率下，分别表现出 700mA·h/g 和 503mA·h/g 的可逆容量。

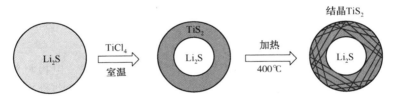

图 1-9　$Li_2S@TiS_2$ 纳米核壳结构的制备示意

1.4.4　超级电容器

超级电容器是一种很有前途的储能装置，具有高功率密度、快速充/放电(仅几秒)、优异的循环寿命(如 10000 次循环)、低成本和安全的运行条件等特征。研究表明，超级电容器具有比电池和传统电容器高得多的功率密度，但能量密度较低。因此，超级电容器当前开发的任务之一是在能量和功率密度之间实现适当的平衡。换言之，理想的高性能超级电容器有望在不降低功率密度的情况下得到更高的能量密度。根据超级电容器的表面电荷储存机理，影响电极材料超级电容器性能的两个关键因素是表面积和电导率。考虑到这一点，通过各种策略，如合理设计具有规定孔径/结构的纳米/微结构材料、表面工程和电极材料的功能化等，开发先进的电极材料及根据高导电材料和法拉第材料的组合制备复合材料。

活性炭(AC)是最早被商业化的超级电容器电极材料之一。根据典型的双电层电容器(EDLC)机制存储电荷。根据制备和活化方法，活性炭可合成为具有超高比表面积($\sim 3000 m^2/g$)的多孔结构。尽管具有高比表面积，但活性炭电解质离子的宽孔径分布和低比电容($< 10 \mu F/cm^2$)，远低于 EDLC 的理论电容($15 \sim 25 mF/cm^2$)。在活性炭活化过程中产生的大量表面官能团也导致其导电性差和电化学性能不稳定。对于其他 EDLC 材料，如碳纳米管(CNT)和活性炭纤维，这些材料的制造昂贵且复杂，限制了它们的实际用途。例如，碳纳米管通过化学气相沉积法合成，这需要后续的净化过程来去除金属催化剂，增加了将碳纳米管用于超级电容器电极的成本。

除了 EDLC 材料外，具有法拉第氧化还原行为的电极材料，如 RuO_2 和 MnO_2 的赝电容材料，是一些典型的超级电容器材料，用于基于电极表面的法拉第氧化反应存储电荷，并有助于形成赝电容。这种电极材料可以提供比 EDLC 高得多的电容，但由于其相对较低的电导率，循环稳定性较差，对于 RuO_2 而言，其高成本是实际使用中的另一个问题。与 EDLC 材料类似，为有效利用表面氧化还原反应，开发低成本、高活性位点、高比表面积和电解质离子的短扩散路径的纳米结构法拉第电极材料，是实现高性能超级电容器的有效途径。在制定这种策略时，这些纳米结构材料的成本、可扩展性和可再现性也值得关注。

超薄二维纳米材料已被广泛用于超级电容器。综上所述，电极材料的高比表面积和电导率显著影响其超级电容器性能。一般来讲，由于超薄性和较大的横向尺寸，与其他纳米结构材料相比，单层或几层厚度的二维纳米材料具有更高的表面积，更容易从两侧接近。一些二维纳米材料，如石墨烯和 MXenes，也具有超高的电迁移率，有利于高速性能。

（1）石墨烯基超级电容器

石墨烯是一种典型的二维纳米材料，具有高表面积(高达 $2630 m^2/g$)和高电荷迁移率[$\sim 10000 cm^2/(V \cdot s)$]，适用于超级电容器。由于石墨烯的独特性质和特殊结构，其理论电容高达 550F/g，超过其他类型的碳材料。然而，由于石墨烯片之间的范德华相互作用，石墨烯具有高度聚集和形成紧密堆积石墨结构的倾向，导致石墨烯二维形态产生的一些独特性质的损失，如高表面积。石墨烯的聚集还导致电解质的有效传质路径和可接近表面积的减少，从而导致较差的速率性能。换言之，石墨烯的聚集导致石墨烯超级电容器最典型的特点是快速充/放电速率和高功率密度不断恶化。因此，在过去几年中，人们一直致力于解决石墨烯的再堆积问题，并开发用于超级电容器的高性能石墨烯基电极。这些策略主要包括：①制造具有各种多孔形态的石墨烯电极，如泡沫、网络、纤维、球体和水/气凝胶；②引入各种"间隔物"材料，如碳纳米材料纳米金刚石和金属纳米晶体，用于在薄膜电极内分离石墨烯片；③具有平面内孔的石墨烯的制备。与堆叠石墨烯膜相比，这些多孔石墨烯电极具有更高的表面积（~850m²/g，用于通过 CVD 方法制备的三维石墨烯网络），其具有更多的电解质离子传输路径，并便于它们进入每个石墨烯片表面，因此表现出更好的超级电容器性能。Choi 等使用聚苯乙烯作为模板制备了具有大孔结构的石墨烯薄膜，然后将其用作超级电容器的电极。所得多孔石墨烯电极在 1A/g 电流密度下传递的比电容为 202F/g，高于堆叠石墨烯膜电极（93F/g）。即使在 35A/g 大充/放电电流密度下，多孔石墨烯电极仍表现出高比电容，为 0.5A/g 时测量值的 97.7%。

（2）基于 TMD 材料的超级电容器

受石墨烯成功的启发，许多其他二维纳米片也被用于超级电容器，包括金属氧化物/氢氧化物、TMD、MXenes 等。除了基于 EDLC 存储电荷外，一些二维纳米材料还具有可逆法拉第过程，如表面氧化还原反应和电化学掺杂/脱掺杂，以产生更高的能量密度。由于独特的二维结构，二维纳米材料两面都可能发生表面氧化还原反应，因此与块体材料相比，其法拉第电容更大。

尽管由于可逆表面氧化还原过程，上述二维法拉第纳米材料显示出相对较高的比电容和能量密度，但与 EDLC 材料相比，它们通常表现出较低的功率密度和较差的电化学稳定性。这是由于它们的导电性差，抑制了快速电子转移，以及它们在可逆法拉第过程中的不稳定结构。合成具有不同组成和性质的新型超薄二维纳米材料的最新进展，为超级电容器提供了多种候选材料。这些超薄二维纳米材料中大多数通过剥离大块晶体来制备，以产生大量的二维纳米片，有利于储能应用。无须额外黏合剂即可通过过滤方法轻松制备独立薄膜，然后直接用作电极，提高了所制备器件的总能量密度。Chhowalla 等报道了一种由 1T 相二硫化钼（1T-MoS_2）纳米片组成的薄膜电极，用于高性能超级电容器。1T-MoS_2 纳米片电极在硫酸电解质中提供了 650F/cm³ 的超高电容，这已经是超级电容器的最高值之一。1T 相二硫化钼电极呈现显著的与许多其他类型电极材料（如多孔石墨烯和活性炭）的体积能量和功率密度相当的比容量。值得一提的是，2H-MoS_2 被认为是超级电容器的不合适电极材料，因为它的比电容相对较低（1A/g 电流密度下为 129.2F/g）。1T 相二硫化钼电极的超级电容器性能良好可能是由于以下原因：①1T 相二硫化钼电极具有 10~100S/cm，比 2H 相二硫化钼（2H-MoS_2）高 10^7 倍，并且与还原氧化石墨烯膜相当；②1T 相二硫化钼纳米片的固有亲水性增强了薄膜电极对电解质的润湿性；③重新封装的 1T 相二硫化钼纳米片提供了多个通道，便于插入各种电解质离子，如 H^+，从而产生高比电容。为将二维 MoS_2 纳米片用于高性能超级电容器开辟了一条新途径。未来的方向可能是设计其他二维过渡金属二硫属化合物的相位，获得它们的金属相位，然后研究它们的超级电容器性能。得益于高导电性，$1T-MoS_2$纳米片还被用作改善其他活性材料的导电基底，然后用于超级电容器。Tang 等制作了聚吡咯涂层的 $1T-MoS_2$ 纳米片，在 0.5A/g 电流密度下，其比电容为 665F/g，处于较高水平。复合电极也能提供 83.3W·h/kg 的高能量密度和 3.3kW/kg 的高功率密度。

在过去几年中，超薄二维纳米材料在超级电容器中的应用取得了快速进展。值得注意的是，这一研究领域仍处于起步阶段。大多数合成的超薄二维纳米片通常表现出低电导率的半导体性质。可能需要更复杂的与碳材料混合的工艺来实现导电性的增强，从而增加制造成本并影响产品的可扩展性和再现性。由于大表面积和高电导率是高性能超级电容器的 2 个关键因素，未来的方向可能是探索具有高电导率和大表面积的新型纳米材料。而二维过渡金属二硫属化合物纳米材料的大家族为高导电二维纳米片提供了多种选择。它还有望开发新方法，将现有的二维纳米材料转化为其高导电对应物。

（3）基于 TMD 材料的柔性超级电容器

柔性超级电容器可以弯曲和卷起，是基于电子纸和纺织品下一代可穿戴设备电源最有前景的候选产品之一。得益于二维纳米材料的独特特性（超薄厚度、大横向尺寸和良好的机械柔性），它们被认为是制造柔性超级电容器有前途的构建块。在过去几年中，由于石墨烯的高导电性和机械柔性，各种形态的石墨烯电极，如独立薄膜、纸和气凝胶，已被广泛用于柔性超级电容器。在这些电极中，石墨烯充当活性材料和集电体，可直接使用或与其他材料杂交后使用。根据超薄二维纳米材料，柔性超级电容器可分为基于 TMD 的柔性超级电容器、基于 MXenes 的超级电容器和基于金属氰化物的柔性超级电容器。根据器件配置，基于二维纳米材料的柔性超级电容器可分为三大类：夹层结构柔性超级电容器、平面超级电容器和纤维超级电容器。

三明治型超级电容器是最常见的柔性储能装置配置，根据 2 个电极上使用的活性材料，这种类型的超级电容器可进一步分为对称超级电容器（相同的电极材料）和混合型电容器（不同类型的电极材料）。电极可通过在导电柔性基板上涂覆活性材料来制造，如镀金的聚对苯二甲酸乙二醇酯（PET）基板。由于器件结构简单，夹层型超级电容器易于制造，适用于各种活性材料。这些超级电容器的缺点是活性材料与集电器（导电柔性基板）的黏附性差。在反复弯曲循环期间，活性材料通常会从集电器上剥离，导致器件性能严重下降。该问题可通过使用具有高比表面积和大横向尺寸的二维纳米片作为电极材料来解决，与本体材料相比，二维纳米片具有大接触面积和增强的与集电体的相互作用。因此，高度期望由二维纳米材料制成的柔性电极在弯曲状态下表现出更稳定的电化学性能。Xie 等在石墨烯和磷酸钒（$VOPO_4$）纳米片的基础上制造了一种对称柔性超级电容器，该纳米片的层数少于 6 层。在 $0.2A/m^2$ 电流密度下，合成器件提供了 $8.36mF/cm^2$ 的高比电容（$928.9F/cm^3$ 的体积电容）。该性能是所报道的基于薄膜的柔性超级电容器中最高的，包括碳纳米材料和金属氢氧化物/硫化物。

依靠二维纳米片之间的范德华相互作用，还制备了独立薄膜纸，如 Ti_3C_2 和 $1T-MoS_2$ 纸。通常报道的夹层型超级电容器的剥离问题，可通过直接使用独立的二维纳米材料基薄膜/纸作为活性材料和集电体来解决。如果不使用金属集电体和聚合物黏合剂（两者都增加了器件的总质量，但对电容没有贡献），则可以提高整个器件的能量密度。

由微电极构成的平面超级电容器因为其尺寸很小，微电极之间的间隙距离也能够防止超级电容器在弯曲期间短路。两个电极间的小距离也缩短了电解质离子的扩散路径长度，与三明治型超级电容器相比，为平面超级电容器提供了优异的倍率能力。当设备弯曲时，电解质离子传输不受影响，从而实现更稳定的电化学性能。对于由二维纳米材料构成的电极，电解质离子可通过二维纳米片的边缘扩散到其层间空间，在层间空间中形成独特的电解质离子二维传输通道，以有效利用每个二维纳米片表面，即使电极材料负载量大，也能产生优异的速率性能。Xie 等制备了一种由剥落的二硫化钒纳米片组成的薄膜，该薄膜可以重复弯曲和拉伸 200 次，而不会出现明显的电性能变形。在使用 150nm 厚的二硫化钒膜制造平面超级电容器之后电容为 $4.760mF/cm^2$，对应于 $317F/cm^3$ 的体积电容，平面型超级电容器面内离子的迁移路径示意如图 1-10 所示。在探索并优化各种二维纳米材料器件配置（如活性材料负载、微电极间隙距离等）后，其他种类的二维纳米材料也可用于构建具有预期高性能的平面超级电容器，以及固体电解质的组成。

纤维基超级电容器是具有准一维结构所产生的一些独特特性，如高柔性、可拉伸性和大弯曲角，其制造示意如图 1-11 所示。基于纤维的超级电容器可以容易地集成到当前的编织技术中。因此，它有望成为下一代可穿戴设备，如电子布和电子皮肤。具有大横向尺寸和超薄尺寸的二维纳米材料是制造纤维基超级电容器的理想构建块，将活性材料和集电器的功能结合在一个电极中。在过去几年中，基于石墨烯及其混合材料的纤维已被开发用于柔性超级电容器。Zhang 等通过湿法纺丝方法制造了二硫化钼纳米片、还原氧化石墨烯和多壁碳纳米管的复合纤维，然后将其用于制造柔性超级电容器。所得器件在弯曲状态下表现出非常稳定的电化学性能，在 $0.16A/cm^3$ 电流密度下比电容为 $5.2F/cm^2$。需要指出的是，

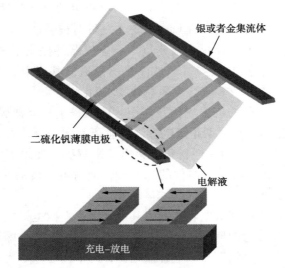

图 1-10　平面型超级电容器面内离子的迁移路径示意

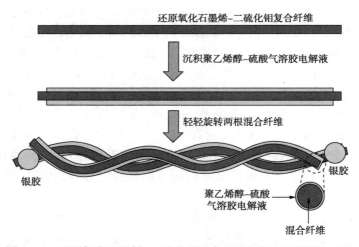

图 1-11　还原氧化石墨烯-二硫化钼混合纤维超级电容器制造示意

关于由石墨烯以外的纯二维纳米材料构建的纤维基超级电容器的报道很少。这可能是由于目前大多数可用的石墨烯类似物的产率相对较低且具有半导体性质。它们相对较低的电导率阻碍了超级电容器快速充/放电过程中高效快速电子传输的形成。使用一些导电的二维纳米材料(如 MXenes 和金属纳米片)作为构建模块来制造纤维基超级电容器具有很好的前景。半导体纳米片到 1T 相导电片的相工程，是获得超级电容器用高导电纤维的另一种有用的方法。

1.4.5 太阳能电池

太阳能光伏发电技术在过去几十年中备受关注，利用太阳能是解决化石燃料消耗造成的环境问题和满足现代社会可再生能源需求的可行途径。超薄二维纳米材料，如石墨烯和过渡金属二硫属化合物，由于其优异的电子和光学特性，已被广泛集成为光伏器件中的功能部件。尤其是强调其他超薄二维纳米材料的使用，如二维过渡金属二硫属化合物，用于太阳能电池装置。

虽然石墨烯在光伏器件中的多功能应用已经实现，但使用石墨烯作为吸收层是一个真正的难题，它的吸收系数低，并且由于没有带隙而具有金属特性。与石墨烯相比，超薄二维过渡金属二硫属化合物的丰富性和多功能电性能，使其在太阳能电池器件中的应用具有明显的吸引力。由于过渡金属种类繁多，因此可以组合形成的过渡金属二硫属化合物性质多样，有金属特性、半金属性质、半导体性质及超导特性等，这主要是由不同的晶型和能带结构导致的。过渡金属二硫属化合物在光伏器件中作为中间层或有源层具有良好的应用前景。在早期研究中，用于太阳能转换的块体过渡金属二硫属化合物的制备，主要取决于通过化学气相传输方法制造高质量单晶。采用 $MoSe_2$ 或 WSe_2 单晶作为光活性层的光电化学电池实现了 $10\% \sim 20\%$ 的转换效率。同时，在将过渡金属二硫属化合物用在固态太阳能电池方面也进行了广泛研究，在器件制备方面，包括肖特基势垒、金属-绝缘体-半导体和 p-n 结等方面，已经显示出良好的转换效率。因此，将二维过渡金属二硫属化合物用于太阳能电池器件已成为研究热点。剥离过渡金属二硫属化合物可以获得新的特性，作为其固有特性的补充。在过渡金属二硫属化合物中已经观察到依赖于层数的带隙、光学特性和载流子迁移率。虽然块体二硫化钼是间接带隙能量为 1.3eV 的半导体，但在剥离到单层后，它显示出 1.8eV 的直接带隙能量。在某些情况下，过渡金属二硫属化合物剥落到单层或几层可导致其从半导体 2H 相转变为金属 1T 相。二维过渡金属二硫属化合物与其块体材料在电子结构和光学特性上的巨大差异，为二维过渡金属二硫属化合物作为光伏器件中的功能部件提供了巨大的机会。

二维过渡金属二硫属化合物可以作为光吸收层结合到太阳能电池器件中，如肖特基势垒太阳能电池，它采用简单的器件结构，使用 n 型或 p 型半导体作为光活性层。通常采用化学气相沉积法制备，具有高质量和低缺陷的特点，适用于制造肖特基势垒太阳能电池。CVD 生长的 MoS_2 和 WS_2 纳米片成功地转移到 ITO 涂层玻璃基板上，可作为光吸收层。在沉积具有适当功函数的顶部金属接触后，产生肖特基势垒结，生长示意如图1-12所示。制备为 ITO/MoS$_2$/Au 和 ITO/WS$_2$/Au 的太阳能电池器件的光电转换效率（PCE）分别为1.8%和1.7%，这两种性能都优于使用厚度约200μm的大块 p 型 MoS$_2$晶体作为光吸收体的器件。过渡金属二硫属化合物纳米片与石墨烯耦合也可以形成肖特基势垒，由厚度为0.9nm的 MoS$_2$/石墨烯双层构成的超薄太阳能电池预计可实现高达1%的PCE。虽然效率非常低，但功率密度（高达2.5MW/kg）比传统具有更厚有源层（>1μm）的 GaAs 和 Si 的传统太阳能电池相比高出1~3个数量级。

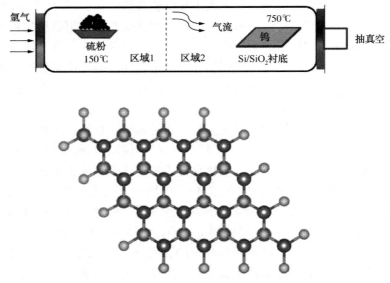

图1-12　二硫化钨纳米片的
化学气相沉积生长工艺示意和二硫化钨的晶体结构

与单层石墨烯相比，具有优异导电性的多层石墨烯可以促进电子转移-空穴对分离和收集，从而导致增强的光电流密度和光电转换效率。因此，使用多层石墨烯和 WS$_2$分别作为肖特基接触层和光活性层，制备的玻璃/Al/WS$_2$/多层石墨烯器件结构，实现了3.3%的高PCE。除了肖特基势垒太阳能电池之外，在构建Ⅱ型异质结（具有交错带隙的半导体异质结）之后，还可以将二维过渡金属二硫属化合物与其他光活性半导体结合来制造异质结太阳能电池。通过在 p-Si 衬底上堆叠单层 n 型 MoS$_2$，MoS$_2$/Si 界面处能够形成Ⅱ型异质结，从而在界面附近产生大的内置电位，如图1-13所示。这种基于单层过渡金属二硫属化合物的太阳能电池实现了高达5.23%的PCE。器件的外部量子效率（EQE）光谱表明，由于添加了二硫化钼单层，680nm 以下波长的光吸收增强。

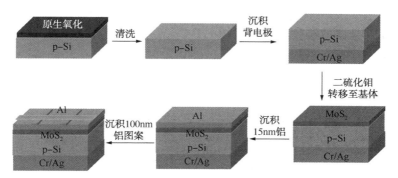

图 1-13 MoS₂/p-Si 异质结太阳能电池的制备工艺示意

Lin 等通过在 GaAs 衬底上覆盖单层二硫化钼，制备了 MoS₂/GaAs 异质结太阳能电池，其 PCE 为 4.82%。而在 MoS₂ 和 GaAs 层之间插入中间层 h-BN 后，PCE 增加到 5.42%，这可以抑制电子从 GaAs 穿过结注入 MoS₂，器件制备示意如图 1-14 所示。通过同时采用化学掺杂和电选通实现了器件性能的进一步改善，在所有报道的基于二维过渡金属二硫属化合物的太阳能电池中，PCE 达到创纪录的 9.03%。

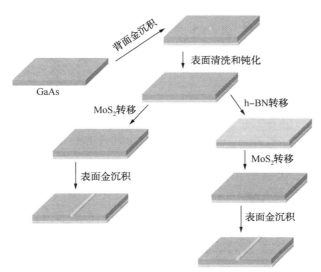

图 1-14 MoS₂/GaAs 和 MoS₂/h-BN/GaAs 的肖特基结太阳能电池的制备示意

以上讨论的所有太阳能电池器件，都是通过使用化学气相沉积生长的二维过渡金属二硫属化合物作为光活性层来制造的。通过基于溶液的合成方法制备的二维过渡金属二硫属化合物也可作为功能部件并入异质结太阳能电池中。在具有

TiO$_2$/MoS$_2$/聚 3-己基噻吩(P3HT)/Au 结构的太阳能电池装置中，成功实现了由单层和少量层组成的液体剥离超薄 MoS$_2$ 纳米片作为光活性层。在该装置中，多孔 TiO$_2$ 基体涂有 MoS$_2$ 纳米片作为电子受体，P3HT 用作空穴导体。由 MoS$_2$ 和 P3HT 构建的 II 型异质结使太阳能电池装置能够运行，产生 1.3% 的 PCE。基于 WS$_2$ 的异质结太阳能电池也可以相同的方式制造，并显示出厚度相关的光伏性能。通过将 WS$_2$ 纳米片涂覆的多孔 TiO$_2$ 膜的厚度从 7.1μm 增加到 12.7μm，PCE 从 1.9% 增加到 2.6%，这归因于在较厚的膜上更多的 WS$_2$ 纳米薄片改善了光收集，制备示意如图 1-15 所示。

与 WS$_2$ 具有相似结构的 WSe$_2$ 也可以用作光吸收层，Eric Pop 等鉴于过渡金属二硫属化合物的金属接触-TMD 界面的费米能级钉扎和传统掺杂方案的不适用性等挑战，采用透明石墨烯接触以减轻费米能级钉扎，并用掺杂、钝化和抗反射的 MoO$_x$ 封顶，并采用清洁、无损伤的方法转移至轻质柔性聚酰亚胺基片上实现器件制备，太阳能电池的设计截面如图 1-16 所示。制备的器件 PCE 为 5.1%，比功率为 4.4W/g。

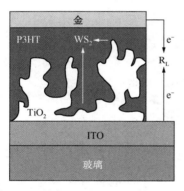

图 1-15　具有 ITO/TiO$_2$-WS$_2$/P3HT/Au 堆叠结构的 BHJ 太阳能电池制备示意

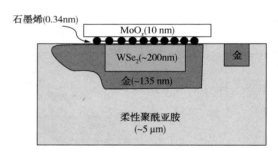

图 1-16　太阳能电池的设计截面

显然，化学气相沉积生长或溶液处理的二维过渡金属二硫属化合物都可以用作光活性层。因其高结晶度和低缺陷，化学气相沉积生长的二维过渡金属二硫属化合物显示出较高的 PCE。固溶处理的二维过渡金属二硫属化合物通常在其表面上有大量缺陷，尽管能够大量生产，但性能较差。目前，基于二维过渡金属二硫属化合物作为光活性层的光伏器件的 PCE，远低于传统硅和薄膜太阳能电池的 PCE。因此，目前的研究重点是精准研究太阳能电池的光学特性。首先，开发可靠的方法以实现高质量二维过渡金属二硫属化合物的大规模生产至关重要。尽管化学气相沉积法通常被优先考虑，但由于引入了缺陷和杂质，后续的转移过程是巨大的挑战。而在选定的基板（如透明导电基板）上低温直接生长二维过渡金属二硫属化合物是一种可行方案，但也是挑战。其次，基于超薄二维过渡金属二硫属化合物的异质结中的界面控制非常关键。虽然单个二维过渡金属二硫属化合物中的面内电荷传输很快，但当不同类型的二维过渡金属二硫属化合物堆叠成多层结构时，垂直传输很差。为了解决这个问题，在组装任何类型的太阳能电池器件之前，都需要制造具有优异界面转移性能的完整二维过渡金属二硫属化合物基异质结。再次，通过使用二维过渡金属二硫属化合物作为吸收层来制造高效率太阳能电池是一项艰巨的任务。对于高效薄膜太阳能电池（如 CuIn、$GaSe_2$ 和 CdTe），活性层厚度约为 $1\mu m$，以保证足够的光吸收。具有相同厚度的二维过渡金属二硫属化合物的堆叠可能会导致牺牲二维过渡金属二硫属化合物的独特性。最后，全面了解电荷传输和收集过程，以及与体相比较的复合机制将有助于器件结构优化，进而提高性能。

过渡金属二硫属化合物的制备

自从过渡金属二硫属化合物被研究以来，制备多层稳定的膜材料有以下方法：一种是自上而下的方法，通过剥离块体的层状晶体，包括机械剥离法、化学碱金属插层剥离法、电化学插层锂剥离法、超声振荡直接剥离法、激光变薄技术；另一种是自下而上的方法，包括化学气相沉积法、湿法合成法、溶剂热法和外延生长法。自上而下和自下而上制备过渡金属二硫属化合物的方法，如图 2-1 所示。

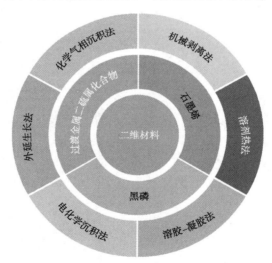

图 2-1　二维材料的制备方法分类

2.1　机械剥离法

机械剥离法是一种传统的制备二维材料的方法，在实验室较为常见。其主要原理是根据过渡金属二硫属化合物层间比较弱的分子间作用力，在机械作用下，可以很容易地剥离成单层或者多层材料。机械剥离法可分为干法剥离和湿法剥离。干法剥离法，就是微机械剥离法，是一种传统而简单的剥离方法，采用透明胶带就可以制备二维材料的薄片层，利用透明胶带的微小剥离力，可以减弱块体层间的分子间作用力，而不用破坏每一层面内的共价键，因此可以将块体的过渡金属二硫属化合物剥离成单层或者多层。在操作过程中，块体的二维材料首先被粘在透明胶带上，然后用另一个胶带去粘块体二维材料，从而将块体剥离，这样的过程重复多次，每一次材料厚度都缩减为原来的一半，最后，将透明胶带上剥离的新鲜二维材料，放置在一个干净目标基体上。例如，典型的石墨剥离实验之一，也是通过反复的剥离石墨，从而获得石墨烯材料。随后，二硫化钼、二硒化铌等材料，也相继利用相同剥离方法被制备成功。从此以后，大量的过渡金属二硫属化合物通过机械剥离法被制备出来，如二硫化钛（TiS_2）、二硫化钽（TaS_2）、二硫化钨（WS_2）、二硫化铼（ReS_2）等。从理论上讲，这种方法可以制备各种晶体结构为层状的二维化合物，并且被认为是一种非破坏性技术，因为在制备过程中不需要借助化学物质，也不涉及化学反应。剥离的单层或少层纳米片保持完美的晶体质量，因为这些晶体材料来自原始的层状体晶体。同时，要实现层状块体材料的高效剥离，主要取决于溶剂与块状材料之间的表面能匹配情况。

湿法剥离法是一种在水溶液或者有机溶剂中剥离二维材料的方法，主要可分为超声波辅助液相剥离法、剪切力辅助液相剥离法、离子插层辅助液相剥离法、离子交换辅助液相剥离法、氧化反应辅助液相剥离法，以及选择性刻蚀辅助液相剥离法。这些剥离法普遍的特点是，都要借助外部作用力或者化学反应等完成剥离。

并非所有晶体都在三维结构中形成这种特性。例如，层状晶体是那些在平面内形成强化学键但在平面外显示弱化学键的晶体。这使得它们可以剥离成所谓的纳米片，其宽度可以是微米，但厚度小于纳米。这种剥落导致材料的晶体表面积非常大，超过每克 $1000m^2$。这可能导致表面活性显著增强，如超级电容器或电池中的电极。剥离的另一个结果是电子在二维中的量子限制，改变了电子能带结构，产生了新型的电子和磁性材料。剥离材料在复合材料中也有一系列应用，如分子屏障或增强填料或导电填料。

2.2 机械力辅助液相剥离法

机械剥离技术表明，对层状材料的块体，施加机械力可以将其从块体上剥离并形成单层或多层的二维材料。鉴于此，研究人员对分散在液相介质中的块状材料施加机械力，则可以将其剥离为单层或者多层的二维材料。考虑这一点，大量的机械力辅助剥离方法被开发出来，并用于在液相中大规模制造高质量的层状材料。因此，根据辅助的机械力不同，可以将液相剥离法分为超声波辅助液相剥离法和剪切力辅助液相剥离法。超声波是现实常见的机械力，通过依靠其微机械力可以实现多种功能。利用其微机械力，可以将层状二维材料从其块体上剥离，制备成单层或者多层的过渡金属二硫属化合物。超声波辅助液相剥离工艺中，通常情况下，将块状的二维材料分散在溶剂（一般是氮-甲基吡咯烷酮，NMP）中，然后对其进行一定时间的超声波处理，利用其微机械力将块体的层状材料剥离，再经过离心处理，将剥离的二维材料与溶剂分离，从而达到提纯的作用。该方法的主要原理是超声波处理可以得到大量气泡，气泡在破裂时产生的微射流和冲击波，作用于溶剂中分散的层状材料的块体。在这种情况下，层状块状晶体将产生强烈的拉伸应力，从而将层状块状晶体剥离成薄片。2008 年，爱尔兰都柏林三一学院 Jonathan N. Coleman 课题组，将石墨分散在 NMP 溶剂中，通过超声波加载微机械力，将其剥离为石墨烯，其最高浓度可达到 0.01mg/mL，这是因为超声波提供了在石墨和溶剂之间作用的表面能。这种方法直接有效，设备简单且试剂廉价，为高质量和规模化生产石墨烯提供了一种新途径。2011 年，Coleman 等进一步将这种机械力辅助液相剥离技术发展到其他块体二维材料中，如 MoS_2、WS_2、$MoSe_2$、$NbSe_2$、$TaSe_2$、$NiTe_2$ 和 $MoTe_2$ 等。通过实验和理论分析，层状晶体之间表面张力有良好的匹配。在此过程中，溶剂是有效的剥离因素，也是稳定剥离的纳米片并防止其重新堆积。通过实验证实，水和乙醇对于分散过渡金属二硫属化合物具有重要作用。

超声波辅助液相剥离法已被广泛应用于超薄二维纳米材料，其产率比微机械剥离法高得多，其浓度高达 1g/L，但是它的产率仍然不能满足工业化生产的要求。为了适应现代工业化的高产率需求，剪切力辅助液相剥离被广泛用于工业级的过渡金属二硫属化学物等二维材料的制备中。在超声波辅助液相剥离技术的基础上，研究人员采用高剪切的转子-定子旋转器制备石墨烯纳米片，并将此技术推广到与其结构类似的过渡金属二硫属化合物中。对于其基本原理，科研界的普遍理论是，高速旋转的旋转器可以在二维材料的块体中产生极高的剪切力，促进二维材料块体剥离，从而制备成单层或者多层的二维材料。与超声波辅助液相剥离的方法类似，使用合适的溶剂和聚合物可以降低剥离过程的能源消耗成本，并得到稳定的二维材料纳米片，使得剥离过程更加高效。超声波辅助多层过渡金属二硫属化合物液相剥离示意如图 2-2 所示。

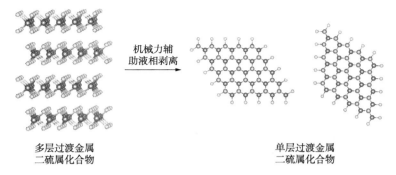

图 2-2 超声波辅助多层过渡金属二硫属化合物液相剥离示意

多层过渡金属
二硫属化合物

单层过渡金属
二硫属化合物

机械力辅
助液相剥离

2.3 离子插层辅助液相剥离法

由于过渡金属二硫属化合物层内有较强的共价键，层间有弱的范德华力，通过在过渡金属二硫属化合物块体的层间插入阳离子，从而辅助其剥离制备过渡金属二硫属化合物的纳米片。因此，离子插层辅助液相剥离法（简称"离子插层法"）是另一种典型的自上而下制备过渡金属二硫属化合物纳米材料的方法。这种方法的主要思路是，将离子半径较小的阳离子如 Li^+、Na^+、K^+、Cu^{2+}，以及有机阳离子等插层剂到层状材料的层间，形成插层化合物，插入的阳离子可以扩大二维材料的层间距，削弱层间的分子间作用力，插层化合物在温和的超声波和溶剂环境中，可以快速从其块体材料上剥离，得到单层或者多层的纳米结构过渡金属二硫属化合物，制备过程示意如图 2-3 所示。研究表明，在电化学作用驱动下，锂离子、有机小分子进入二维纳米材料的范德瓦尔斯层间，改变了材料固有

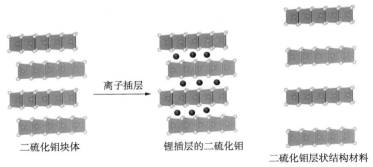

二硫化钼块体

离子插层

锂插层的二硫化钼

二硫化钼层状结构材料

图 2-3 离子插层法制备二硫化钼过程示意

的层间距。插层的离子可以和二维纳米材料形成轨道杂化，改变了其键能。插层的粒子可以为二维材料贡献电子，从而改变二维材料中原有的某些原子的价态。最后，部分阳离子插入过渡金属二硫属化合物层间也可以驱动其发生相变，从而改变其物理化学性能。

在利用离子插层法制备过渡金属二硫属化合物方面，最早的研究要追溯到 1981 年 Morrison 的研究，即在液相环境中，将正丁基锂插入二硫化钼块体材料的层间剥离制得二硫化钼的纳米片材料。研究人员将大块的过渡金属二硫属化合物块体与 N_2H_4 在水热环境下反应，N_2H_4 插入过渡金属二硫属化合物层间，显著增强其层间距，通过 N_2H_4 的加入发生氧化还原反应，膨胀的过渡金属二硫属化合物与碱性的萘基溶液反应，制得多层的过渡金属二硫属化合物纳米材料。这种方法被用于单层或多层二硫化钼的制备中，经过超声处理和纯化，得到高产率单层纳米片，单层产率高达 90%，横向尺寸高达 $400\mu m$。

离子插层法制备过渡金属二硫属化合物，虽然可以得到高质量的二维材料，但是也存在诸多缺点。例如，离子插层法效率低下，一般需要几天的时间，才可以实现完全的插层反应，影响其大规模的工业化应用。而且，对于某些插层反应，还需要在高温下进行，这也进一步限制了插层法制备过渡金属二硫属化合物的大规模应用范围。因此，为了克服离子插层法的这些缺点，研究人员创造性地将插层法与其他方法结合起来应用，如在超声波辅助的情况下，将叔丁基锂插入过渡金属二硫属化合物层间，在常温下 1h 即可完成插层反应，制备高质量的产物。如今，利用化学插层法已经成功制备出 MoS_2、$MoSe_2$、TiS_2、WS_2、ReS_2 和 Cu_2WS_4 等材料。同时，可以利用插层反应和离子交换相结合的方法来制备过渡金属二硫属化合物，因为有些插层物质可以转移电子到目标层，降低二维层的层间结合强度。一般来说，离子交换插层是基于有些分层材料在二维层中含有阳离子反离子，可以交换质子，通过溶解在溶剂中达到电荷中性的事实，然后插入二维层，通过各种物理手段，如剪切混合或超声波，就很容易剥离。

2.4　化学气相沉积法

一般来讲，过渡金属二硫属化合物的制备方法包括两种制备策略，即自上而下的剥离法和自下而上的生长法。自上而下的方法，主要包括机械剥离法和液相剥离法，而自下而上的方法，则主要包括化学气相沉积（Chemical Vapor Deposition，CVD）法、物理气相沉积（Physical Vapor Deposition，PVD）法、气相传输(Vapor Phase Transport，VPT)法、分子自组装和原子层沉积等方法。CVD 法是一种常见且功能强大的制备二维材料的方法，在早期研究中，典型的 CVD 法制备过渡金属二硫属化合物的工艺过程包括金属氧化物蒸发及还原过程，并进一步和硫或者硒气体反应生成硫化物或者硒化物。影响 CVD 法的主要因素有前驱体、温度、基体种类、气流大小、压力及其他影响 CVD 法的参数。在实际应用中，二维材料在生长和制备过程中的重现性和稳定性，对于器件至关重要，因此需要清楚理解 CVD 法的基本原理。

人类第一次使用 CVD 法的历史要追溯到 1897 年，Lodyguine 等用氢气还原六氯化钨将金属钨沉积在碳丝上，用于照明灯上。经过了 100 多年的发展，CVD 法已成为一种非常普遍和成熟的技术，广泛用于新材料制备方面，尤其是在二维材料的制备中有突出表现，用于电子器件、太阳能电池、锂离子电池、电化学催化等领域。这种方法主要是以过渡金属或者过渡金属化合物为金属源，以硫单质为硫源，在高温下气化，并经过氧化还原反应制备成过渡金属二硫属化合物。具体来讲，在管式炉的炉腔内，使用一种或者多种目前产物的前驱体气体，在腔内循环并在基体表面反应，生成目标产物。2006 年，Prakash R. Somani 等第一次利用 CVD 法，将樟脑热裂解，在镍基体上制备石墨烯。2012 年 Liu 等利用硫代钼酸铵热解和随后的硫蒸气硫化反应，制备超薄的二硫化钼纳米片。相应地，二硫化钼薄膜也可以利用硫粉末，在高温下与钼金属薄膜进行硫化反应得到。从此之后，CVD 法被广泛用于制备石墨烯、TMDs 等二维材料中。

具体来讲，金属薄膜 CVD 法在基体上沉积金属薄膜，并经过硫化过程制得过渡金属二硫属化合物材料。伊利诺伊大学厄巴纳香槟分校的 David Cahill 课题组，在蓝宝石基体上沉积 70nm 的金属钼，以此为钼源，硫单质为硫源，在 750℃下化学气相沉积，制备得到垂直生长的二硫化钼材料，具有良好的光电性能。而金属卤化物 CVD 法，是采用碱金属的卤化物辅助过渡金属或者过渡金属氧化物，制备过渡金属二硫属化合物材料。新加坡南洋理工大学刘政课题组采用氯化钠和三氧化钼混合物为钼源，氯化钠和三氧化钨为钨源，氯化钠和二氧化钛为钛源，氯化钠和二氧化锆为锆源，氯化钠和五氧化二钽为钽源、氯化钠和五氧化二铌为铌源、硫单质为硫源，分别在 600~800℃、750~850℃、750~810℃、750~800℃、800~850℃、750~850℃的氩气环境中，制备二硫化钼、二硫化钨、二硫化钛、二硫化锆、二硫化钽和二硫化铌材料。以氯化钠和铪金属为铪源、硫单质为硫源，在 800~850℃的氩气环境下制备二硫化铪材料。以碘化钾和铼金属为铼源，硫单质为硫源，在 650~750℃的温度下，制备二硫化铼材料。清华大学田禾和任天令团队，在 Si/SiO₂基体上通过 CVD 法制备垂直生长的二硫化钼薄膜材料。芝加哥大学的 Jiwoong Park 课题组和伊利诺伊大学的 David G. Cahill 课题组合作，在 Si/SiO₂ 的基体上，通过金属–有机化学气相沉积法制备 MoS₂/WS₂ 的异质结材料，可作为各向异性的分子间作用力热导体。过渡金属二硫属化合物 CVD 法制备过程示意如图 2-4 所示。

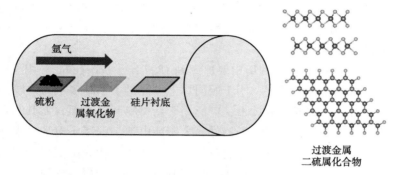

图 2-4　过渡金属二硫属化合物 CVD 法制备过程示意

2.5　溶剂热法

溶剂热法是一种典型的湿法制备过渡金属二硫属化合物的方法，在密封容器中使用水或有机溶剂作为反应介质，其中使用的反应温度高于溶剂沸点。当封闭体系的反应温度加热到溶剂体系的沸点以上时，溶剂将在高压下促进反应并提高合成后的纳米晶体的结晶度。这种方法被广泛用于制备超薄二维材料，尤其是无机材料。研究人员将四水合钼酸铵和硫脲溶于去离子水中剧烈振荡 30min，得到均匀的溶液。将混合液转入带有聚四氟乙烯内衬的水热反应釜中，40min 内将反应釜温度升高到 210℃ 在不同磁场下保持 18h，反应结束后将温度降至 80℃，移去磁场并自然冷却，获得二硫化钼纳米片。同时，将六氯化钨和硫代乙酰胺的混合水溶液急速搅拌 30min，在 40min 内将温度升到 210℃ 保温 24h，反应完成后温度降至 80℃，移去磁场并自然冷却，用去离子水和乙醇水洗，经过分离过程，并在 70℃ 下真空干燥箱中干燥，得到二硫化钨的纳米片。Hyoung-Joon Jin 课题组在有氩气保护的三口烧瓶中将 50mL 的油胺干燥 3h，加入 18mg 的硫单质，10min 急速搅拌后，三口烧瓶被冷却至室温，加入 100mg 的二氯化锡，随后溶液被加热至 230℃，在氩气环境下保温 2h，制得二硫化锡纳米片，其可作为钠离子电池的负极材料，具有良好的电化学性能。Kuei-Hsien Chen 课题组将 1mM 的四氯化锡和 5mM 的 L-半胱氨酸加入 60mL 三口烧瓶中，在室温下急速搅拌 1h，得到均匀的溶液。随后，混合溶液转移至带有聚四氟乙烯内衬的反应釜中，在 180℃ 的温度下反应 24h，并在 8000r/min 的高速离心作用下离心分离 10min，经过干燥制得碳掺杂的二硫化锡纳米花材料，可作为高效的太阳能电池的催化剂。在 1T 相和 2H 相二硫化钼的制备方面，利用钼酸铵和硫脲，以水为溶剂，在 200℃ 的温度下，反应 20h，制得 2H 相的二硫化钼纳米片，再将溶剂换成乙醇，在 220℃ 继续反应 8h，此时得到的产物为 1T 相和 2H 相二硫化钼纳米片的混合物。图 2-5 所示为两步法制备了 1T@2H-MoS₂ 纳米片的流程示意。

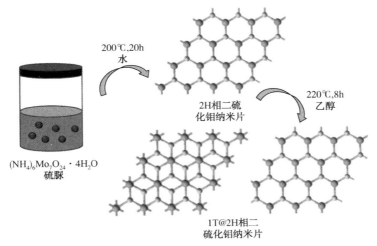

图 2-5　两步水热合成 1T@2H-MoS₂ 纳米片的流程示意

2.6　电化学剥离法

电化学剥离法是一种类似 CVD 法的制备过渡金属二硫属化合物的新方法。与 CVD 法不同的是，电化学剥离法需要借助外来电作用力驱动材料，从块体材料上剥离，从而制备得到过渡金属二硫属化合物纳米材料。

二硫化钼具有独特的电学和光学特性。制备大面积、高质量的二硫化钼纳米片是广泛应用中的重要一步。因此，单层和少层二硫化钼纳米片可以从块状二硫化钼晶体的电化学剥离中获得。剥离的二硫化钼纳米片的横向尺寸在 5~50μm 范围内，远大于化学或液相剥离的二硫化钼纳米片。二硫化钼纳米片在电化学剥离过程中经历了低水平的氧化。此外，显微镜和光谱表征表明，剥离的二硫化钼纳米片质量高，具有内在结构。使用剥离的单层二硫化钼纳米片制造背栅场效应晶体管。开/关电流比超过106，场效应迁移率约为1.2cm²/（V·s）；这些值与微机械剥离的二硫化钼纳米片的结果相当。电化学剥离方法简单、可扩展，可用于剥离其他过渡金属二硫化物。图2-6所示为大块二硫化钼晶体电化学剥离机理示意。

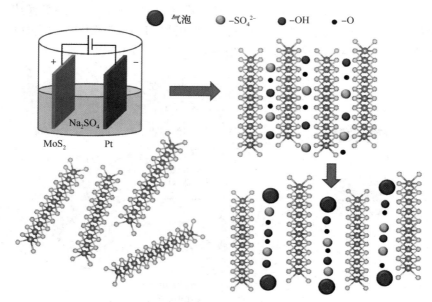

图2-6　大块二硫化钼晶体电化学剥离机理示意

2.7　外延生长法

众所周知，过渡金属二硫属化合物的质量可以由许多因素决定，包括但不限于生长温度、压力、前驱体比和流速，以及衬底的选择。根据使用的反应器和所采用的生长条件，可以制备得到不同几何形状、尺寸和纵横比的过渡金属二硫属化合物。然而，气相合成技术很难在不同的反应器中推广，而生长条件的细微变化通常会影响材料制备质量的再现。因此，对过渡金属二硫属化合物的一般生长机制的深刻理解，对于其可控合成至关重要。薄膜外延通常有3种主要的生长模式：Volmer-Weber模式、Frank-Van der Merwe模式和Stranski-Krastanov模式。二维过渡金属二硫属化合物范德华外延生长通常遵循Stranski-Krastanov或

Frank-Van der Merwe 生长模式。因此，使用 Stranski-Krastanov 模式可以得到大规模和高均匀性的 TMDC 层材料。二维生长模式是一种"岛状生长"模式，其中 TMDC 层在具有不同层厚度的孤立岛中形成，然后缝合以形成完整的薄膜。

金属氧化物在气相中的硫化导致单晶过渡金属二硫属化合物薄片或由合并的三角形单晶岛形成的连续单层薄膜，取决于成核密度任意衬底上的畴。Li 团队研究将 MoO_3 和硫粉末直接气相反应，生成大面积生长的二硫化钼。根据成核密度和生长过程的控制，该方法允许在任意衬底上直接生长单晶二硫化钼薄片，制备过程如图 2-7 所示。最近，Jeon 等报道，通过对衬底预处理，可以在如 SiO_2 的非晶衬底上生长高质量、厘米级连续单层 MoS_2 膜。经氧等离子体预处理的衬底表现出较低的表面能，这将有助于促进异质成核和 MoS_2 层生长。此外，可通过改变等离子体处理时间来控制层数。

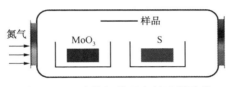

图 2-7   二硫化钼外延生长过程示意

过渡金属二硫属化合物纳米复合材料

有机–无机杂化纳米复合材料是先进功能材料科学研究中快速发展的领域，这些材料由纳米级有机和无机对应物制成，其中分子水平的相互作用在界面处产生独特的性质。在纳米复合材料中，无机纳米结构是三维、二维、一维或零维纳米材料。进入 21 世纪以来，以石墨烯、类石墨烯为代表的纳米材料，因其具有极高的比表面积、良好的离子传导性、可变化的物理性能、纳米尺度导致的限域效应等性能，被广泛用于如太阳能电池、催化、热电、锂离子电池、超级电容器和储氢体系等能源相关的应用领域。这类材料可以作为支撑材料，和众多材料如碳材料、金属、金属氧化物、层状双氢氧化物等，形成纳米复合材料，被广泛用于电化学领域。

目前，围绕二维纳米复合材料在高性能电化学储能设备中的应用，进行了大量研究，包括纳米复合材料的电化学储能机理研究、材料改性研究及潜在的应用研究等。其中，以其机理研究最为重要，因为反应机理决定了材料改性的方法和目标。二维纳米复合材料具有特殊的层状结构特点，其作为锂离子电池的负极材料，主要机理是插层–脱插反应。这类材料如过渡金属硫化物、过渡金属硒化物、二硫化钼、二硒化铌、过渡金属氧化物等类石墨烯材料，可以使锂离子能够插入层间，也可以从层间脱插，而不会破坏其晶格结构，因而实现了电化学储能的目的。因此，基于这一原理，可以采用离子插层法制备过渡金属二硫属化合物纳米复合材料。此外，通过对有机物的设计，制备纳米构建块，并通过溶胶–凝胶法、自组装法、蒸发沉积法、化学和电气技术均可制备无机–有机纳米复合材料。

3.1　材料制备

3.1.1　离子插层法

目前，插层法不仅用于制备过渡金属二硫属化合物，而且也可以利用此方法进行基础的科学研究，并制备基于过渡金属二硫属化合物的纳米复合材料。由于离子插层法插入外来离子，可以改变材料的层间距、材料的固有属性。斯坦福大学崔屹课题组，通过在二硫化钼材料表面选择性地插入碱金属离子，让锂离子和钠离子可以插入，而离子半径更大的钾离子则不能插入，选择制备碱金属离子插层复合材料，可以改变二硫化钼的电学性能，而通过电化学过程控制插入的离子，能可逆地调控二硫化钼的电导率，实现电导率的动态调控。该课题组开发一种基于溶剂的插层法，在原子层级别的二硫化锡薄层的层间插入铜离子和钴离子，制备 p 型和 n 型半导体材料，与自然生长 n 型硫空穴二硫化锡相比，铜插层的二硫化锡表现出约 $40cm^2/(V\cdot s)$ 的空穴场效应，得到的钴插层二硫化锡表现出类似金属的行为，其薄层电阻与多层的石墨烯相当。将这种插层技术与光刻技术相结合，可通过精确的尺寸和空间控制进一步实现原子无缝的 p-n-金属结，这使得面内异质结构实际上适用于集成器件和其他二维材料。因此，所提出的插层方法可以开辟一条新的途径，将以前不同的集成电路和原子薄材料世界连接起来。日本 Kunihito Koumoto 课题组，在二硫化钛层间插入正己胺盐酸盐的二甲基亚砜溶液中，通过电化学诱导离子插层制备无机-有机超晶格结构的 TiS_2 $[(HA)_{0.08}(H_2O)_{0.22}(DMSO)_{0.03}]$ 化合物，具有良好的热电性能，如图 3-1 所示。在此研究基础上，利用电化学插层法在二硫化钛的层间进一步插层四丁铵阳离子，获得具有超高热电功率因子的 $TiS_2(TBA)_{0.013}(HA)_{0.019}$ 热电材料。

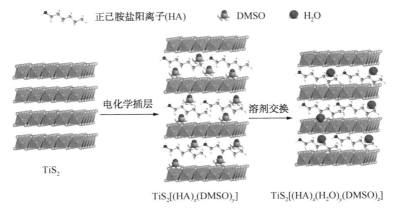

图 3-1　电化学辅助离子插层法制备基于 TiS_2 的纳米复合材料

3.1.2　水热-溶剂热法

水热-溶剂热法通常在具有极性的分子中实现，以获得由不同分子组成的纳米复合材料。具有 1T 相的八面体配位和环境稳定的二维过渡金属二硫属化合物 MX_2(M 为 Mo 或 W；X 为 S)的相控合成将赋予这些材料，与其半导体 2H 配位对应物相比，更优异的性能。Zhu Xue bin 团队报道了一种在强磁场下通过水热处理制备 $1T-MoS_2$ 和 $1T-WS_2$ 的清洁而简单的方法，合成的 $1T-MoS_2$ 和 $1T-WS_2$ 在环境中稳定超过 1 年。电化学测量表明，$1T-MoS_2$ 作为钠离子电池负极的性能远远优于 $2H-MoS_2$。这些结果为制备环境稳定的 1T 相 MX_2 提供了一种干净、简便的方法。

由于驱动掺杂剂沉淀的自净效应，掺杂原子厚的纳米片是一个巨大的挑战。Yan Wen sheng 团队在富硫超临界水热反应环境中，实现了将 Mn 原子置换掺杂到 MoS_2 纳米片中的突破，其中 Mn 取代 MoS_2 中 Mo 的位点形成能显著降低，以克服自净化效应，制备过程示意如图 3-2 所示。高角度环形暗场扫描透射电子显微镜和 X 射线吸收精细光谱表征证明了取代 Mn 掺杂。Mn 掺杂的 MoS_2 纳米片显示出稳健的固有铁磁响应，在室温下的饱和磁矩优良。在掺入/去除 Li 共掺杂剂的循环中，磁性行为的可逆性进一步证实了本征铁磁性，显示了 Mn 3d 电子态在介导 MoS_2 纳米片的磁相互作用中的关键作用。

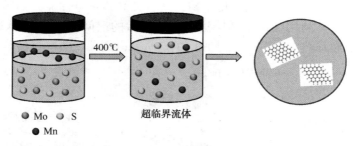

图 3-2　超临界水热法合成 Mn 掺杂 MoS_2 纳米片的示意

3.2　材料表征

3.2.1　扫描电子显微镜表征

扫描电镜表征法是一种介于透射电子显微镜和光学显微镜之间的观察手段，通过扫描电镜发射各种射线，采用一束很窄的高能电子束照射样品，通过电子束与样品的相互作用来激发样品的各种物理信息，并对样品信息进行收集、放大、再成像以达到对样品表征的目的。目前，新型的扫描电子显微镜最小可以观察到 1nm，在工程领域和科学研究中有重要的应用。本实验采用日本日立公司的 S-4700 和 S-4800 场发射扫描电子显微镜（FE-SEM）对材料的微观形貌、尺寸大小及在体系中的分布状态进行测试，其加速电压为 15kV。采用钨灯丝电子扫描显微镜对材料的尺寸、分布情况等进行表征，加速电压为 10kV。结合扫描电子显微镜、X 射线色散能谱仪、色散 X 射线光谱仪（EDS）对材料成分进行分析，所用设备为英国牛津设备。

3.2.2　透射电子显微镜（TEM）

透射电子显微镜是一种更加精细地表征材料基本属性的方法，其采用波长比紫外光和可见光更短的电子束，通过电子束透过材料表面，电子束与材料的相互作用，从而获得材料的基本属性。本实验采用透射电子显微镜对材料的尺寸大小、微观形貌、晶面间距，以及选区衍射等反应材料结晶情况的各项性能进行研究，所用仪器为日本 JEOL 公司的 Cry-2100、2010 及 2010F 三款型号的设备，仪器的加速电压为 200kV。

3.2.3　X 射线衍射分析（XRD）

X 射线衍射是一种高效的表征材料结构、组成的技术。本文所采用的设备，根据所表征的材料属性的不同，分为薄膜 X 射线衍射仪和颗粒 X 射线衍射仪。薄膜 X 射线衍射仪（X-Ray Diffraction，XRD）采用 PANalytical 公司的 Philips X'Pert SYSTEM 1 和 Philips X'Pert SYSTEM 2，其阴极采用 Cu 靶 $K\alpha 1$ 线（$\lambda = 0.154056nm$）。连续扫描，扫描速度为 $1°/min$，管电压为 40kV，管电流为 30mA。在颗粒 XRD 中，分别采用 BRUKER 公司的 D2 PHASER X 和 D-5000 两款仪器，其阴极采用 Cu 靶 $K\alpha$ 线（$\lambda = 0.15418nm$），扫描范围为 $10° \sim 80°$，管电压为 40kV，管电流为 30mA。

3.2.4　拉曼光谱分析（Raman）

对于二维材料，拉曼光谱测试是一种非常有效的表征手段，拉曼光谱是一种散射光谱，通过它可以获得物质振动、转动方面的信息，对研究物质的结构，尤其是对二维材料的表征非常有效。在本实验中，采用 NANOPH-OTON 公司的

Raman 11 共聚焦拉曼光谱仪对材料进行分析测试，其波长为 532nm，曝光时间为 30s，测试前用硅片进行校准。

3.2.5　X 射线光电子能谱分析（XPS）

X 射线光电子能谱（X-ray Photoelectron Spectroscopy，XPS）是目前一种先进的分析技术，广泛用于材料和器件的微分析中。它不仅能够提供分子结构和原子价态方面的信息，而且能够提供化合物的元素组成及含量、化学状态、分子结构、化学键方面的信息。本文采用英国 KRATOS 公司的 KRATOS AXIS ULTRA 进行测试。

3.2.6　能量色散 X 射线荧光光谱分析（EDXRF）

能量色散 X 射线荧光光谱（Energy-Dispersive X-Ray Fluorescence Spectrometer，EDXRF）是一种高效、无损的表征手段，用于确定材料的化学组成。因为材料中的每一种元素都会产生特定的 X 荧光射线，俗称材料的"指纹"。所以，这种方法通过测试样品被激发时产生的初级 X 射线或者次级 X 射线来确定材料的元素组成，从而起到定量或者定性分析的作用。在 EDXRF 技术中，对样品中的所有元素进行激发，利用能量色散检测器与多通道分析仪相结合，采集样品发出的荧光辐射，然后将辐射的不同能量从每个不同的样品元素中分离出来，从而起到元素分析的作用。本文采用 Shimadzu 公司的 EDX-7000 EDXRF 进行测试。

3.3　材料应用

自从石墨烯被发现以来，以过渡金属二硫属化合物为代表的类石墨烯材料，因其带隙可调、高比表面积、良好的粒子传导性、可变化的物理性能、纳米尺度导致的限域效应等性能，因此通过特定的方法，将其制备成单层或者多层材料，是其在太阳能电池、催化、热电、锂离子电池、超级电容器和储氢体系等能源相关的应用中的主要方法。这类材料可以作为支撑材料，和众多材料如碳材料、金属、金属氧化物、层状双氢氧化物等，形成纳米复合材料，广泛用于电化学领域。插层反应是一类重要的改变主体材料性质的方法，近几十年来一直受到广泛关注。早期研究集中在分层结构的整体形式上，最近的研究才将 2D 对应结构作为研究重点。在过渡金属二硫属化合物中，最常见的嵌入元素是碱金属（锂、钠、钾等）和过渡金属（钒、铬、锰、铁）原子，其中电荷可以容易地转移到硫族化合物层。由金属原子嵌入引起的电荷转移增加了费米能级的费米能量和态密度。这种"电子掺杂"导致载流子密度的巨大增加，比传统的掺杂调控材料性能大几个数量级，这大大改变了层状材料的电子和光学性质。金属插层剂的存在，意味着层之间的弱相互作用变得更强，并且整个材料的电子结构变成三维结构。

此外，插层化合物在范德华层间的存在，引起层状材料的结构变化。有机分子如正十八烷基胺和吡啶的插入是很好的例证，说明如何扩大层间的层间距。层间距增大，导致黏合强度减小，层间相互作用减弱，这使得每层几乎成为独立的单层。层状硫族化合物插层的实验，展示了结构和电子变化如何影响金属硫族化合物的基本性质和实际应用，这种作用也在光学应用中得到很好的证明。总体来讲，过渡金属二硫属化合物形成的纳米复合材料，主要应用在电化学、电催化、光电器件和热电材料中。

3.3.1 电化学应用

过渡金属硫化物材料具有类似石墨烯的结构，可以使锂离子能够插入层间，也可以从层间脱插，而不会破坏其晶格结构，因而实现了电化学储能的目的。鉴于此，目前围绕二维纳米复合材料进行了大量研究，其中最具代表性的是用作碱金属（锂、钠、钾等）电池。层状二硫化钼因其结构和性质的多样性而被研究了几十年，其中锂插层过程中的结构动态演化是一个重要但仍不明确、有争议的话题。Bai 等采用原位高分辨率透射电镜系统地研究了二硫化钼纳米片嵌入锂后的电化学动力学过程。结果表明：锂化二硫化钼经历了 2H–1T 相变，锂离子占据了硫–硫中间层，形成 1T–LiMoS$_2$，由多型超晶格组成的伪周期结构调制也被揭示为电子的结果——晶格相互作用。此外，2H–1T 相变的剪切机制，也通过探测动态相界运动得到证实。在原子尺度上的原位实时表征在对二硫化钼中锂离子存储机制的理解上实现了一个巨大的飞跃，对其他过渡金属二硫属化合物有一定的借鉴意义。

同时，对过渡金属二硫属化合物纳米复合材料作为电容器的电化学应用方法，研究人员也展开广泛的研究。而具有非扩散限制电荷存储机制的赝电容器允许比传统电池材料具有更快的动力学。已经证明，传统电池材料的纳米结构可以诱导赝电容行为。Sarah H. Tolbert 等研究发现与块体材料相比，金属 1T 相二硫化钼纳米晶体显示出更快的电荷存储。定量电化学表明，电流响应是电容性的。

在这项工作中，研究人员对电化学循环进行了 X 射线衍射研究，以表明金属 1T 相二硫化钼纳米晶体的高电容响应是由于一级相变的抑制作用导致的。在块体二硫化钼中，在恒电流曲线（作为独特的平台）和 X 射线衍射图中的锂化和去锂过程中，观察到 1T 二硫化钼和三斜相（Li_xMoS_2）之间的相变，并出现额外的峰。另外，二硫化钼纳米晶体组件没有显示这些特征。因此，减小的二硫化钼晶粒尺寸抑制了一级相变，并产生了类似固溶体的行为，这可能是由于受限空间中不利于形核位点的形成。总的来说，研究人员发现纳米结构二硫化钼抑制了 1T 三斜相变，缩短了锂离子扩散路径长度，使二硫化钼纳米晶体组件表现为近乎理想的赝电容器特征，其相变过程示意如图 3-3 所示。

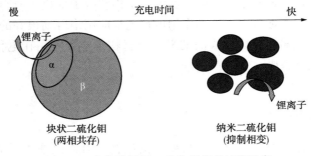

图 3-3　电化学诱导二硫化钼相变过程示意

电化学致动器是一种将电能转换为机械能的器件，适用于各种机电系统和机器人，可用于转向导管、飞机自适应机翼和减阻风轮机。驱动系统可基于各种刺激，如热、溶剂吸附/解吸、空气或电化学作用。研究人员证明了通过将二维金属相二硫化钼的化学剥离纳米片重新堆叠在薄塑料基板上，形成的电极膜的动态膨胀和收缩可以产生相当大的机械力。这些薄膜能够在几毫米内和数百个周期内提升超过电极 150 倍的质量。具体而言，二硫化钼膜能够产生比哺乳动物肌肉（约 0.3MPa）高约 17MPa 的机械应力，并可与陶瓷压电致动器（约 40MPa）媲美，并且带有约 0.6% 的应变，在高达 1Hz 的频率下工作。优良的致动性能归因于二硫化钼纳米片金属 1T 相的高导电性、重新堆叠的二硫化钼层的弹性模量（2~4MPa）以及纳米片之间的快速质子扩散。

3.3.2　电催化应用

在催化方面，科学家通过理论模拟和实验揭示了电子结构与催化活性之间的强烈相关性。因此，需要设计适当的活性原子位置电子结构，以与反应物形成适当的化学键，从而确保催化剂和试剂之间良好的电子转移和方便的产物释放过程。因此，通过在二维材料层间进行电化学或者化学插层，获得可调的电子结构，可作为优良的催化剂优化的备选材料。电化学插层可以在较宽的范围内，有效地移动二维过渡金属二硫属化合物的化学电压，优化高效催化剂的催化位点。在某些情况下插层过程会使基体发生相变，使电子结构显著地转变为另一种形式，从而具有良好的催化活性。此外，外来插入的原子与基体材料之间可能存在电荷转移，从而增加了载流子密度，提高催化剂的导电性。例如，在 2H 相的二硫化钼层间插入锂，调节电化学性能以增强 HER 活性。具体做法是：将合成的带有端接口的二硫化钼纳米薄膜和一片锂箔制成袋式电池进行插锂，通过恒电流放电，揭示了二硫化钼电子态变化的理论证据，如降低的钼金属的氧化状态和 2H 相二硫化钼到 1T 相的相变。插入的锂将多余的载流子转移到 MoS_2 中，降低了 Mo 的氧化态，提高了整个体系的电子能，从而诱导结构相变，得到更稳定的八面体配位结构。这种电子结构的改变，可以极大地提升 HER 的催化活性。锂插层二硫化钼的化学电位持续漂移，从开路电压移动到 1.1V vs. Li^+/Li，并且停止在不同的中间电位。最终，HER 性能持续地提升，塔菲尔斜率降低。值得注意的是，1T 相的二硫化钼仍然是稳定的，甚至是在锂与水和空气反应的情况下。

另一种方法是通过电化学插层法，调整二硫化钼和二硫化钨纳米片的电子结构，以提高 HER 的催化活性。Chhowalla 等通过化学插层和剥离工艺成功制备了 1T 相 WS_2 纳米片。单层的 2H 相和 1T 相 WS_2 TEM 图像显示了原子结构的变化。2H 相二硫化钨显示了六方结构，经过相变后变为具有 $2a_0 \times a_0$ 超晶格的扭曲 1T 相。相变后 2H 相二硫化钨的 HER 的性能显著提升。理论模拟揭示了这种变化的原因，表明 1T 相纳米片中的应变有助于降低反应自由能。金属相二硫化钼边缘对 HER 具有优异催化活性，因此研究人员着力于如何提高金属相二硫化钼的边缘位点。而 2H 相二硫化钼的低导电性，导致其 HER 活性较低，因此其电荷转移动力学效率较低。鉴于此，研究人员通过改善基底和催化剂之间的电耦合，单层二硫化钼纳米片的 2H 相基面的活性可与金属边缘和 1T 相的最新催化性能媲美。金属相过渡金属二硫属化合物是析氢反应的良好催化剂，二维过渡金属二硫属化合物的金属相和边缘的过电位和塔菲尔斜率值接近金属铂的值。然而，二维过渡金属二硫属化合物催化剂的总电流密度比工业金属铂和铱电解槽（>1000mA/cm²），仍然低几个数量级（~10~100mA/cm²）。研究人员制备了 2H 相的 $Nb_{1+x}S_2$（x 为 0.35），其与可逆氢电极相比的电压为 420mV，电流密度>5000mA/cm²。研究发现，2H 相 $Nb_{1.35}S_2$ 在 0V 下的交换电流密度为 0.8mA/cm²。因此，$2H-Nb_{1+x}S_2$ 可作为使用的电催化剂。

3.3.3 光电器件应用

二硫化钼单分子膜的二维晶体是一种光致发光直接带隙半导体，与块体半导体形成鲜明对比。通过锂插层剥离大块二硫化钼是大规模合成单层二硫化钼晶体的一种有效途径。然而，由于锂插层过程中发生的结构变化，该方法导致二硫化钼的原始半导体性质丧失。研究人员报道了化学剥离二硫化钼的结构和电子性质，发现从锂插层中出现的亚稳金属相主导了剥离材料的性质，但温和的退火会导致半导体相的逐渐恢复。高于300℃的退火温度、化学剥离的二硫化钼表现出显著的带隙光致发光，类似于机械剥离的单分子膜，表明它们的半导体性质在很大程度上得到恢复。

在具有纳米级通道长度的弹道装置中，过渡金属二硫属化合物的性能优于传统半导体。到目前为止，过渡金属二硫属化合物中电荷输运的实验研究仅限于扩散区。研究人员以二硫化铼为例，展示了弹道流的全光注入、检测和相干控制。通过利用单光子和双光子带间跃迁路径之间的量子干涉，通过一对飞秒激光脉冲将弹道电流注入二硫化铼薄膜样品中。研究发现，电流在超快时间尺度上衰减，导致电子传输仅为1ns的一小部分。在初始注入动量松弛后，观察到电子在相反运动的空穴的库仑力驱动下向后运动约1ps。同时，注入电流可通过激光脉冲相位来控制，工作过程原理示意如图3-4所示。这些结果为研究过渡金属二硫属化合物中非平衡载流子的弹道输运提供了一个新的平台。

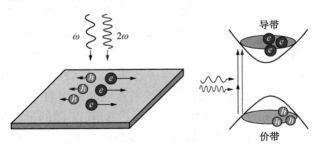

图3-4 通过相干控制注入弹道电流示意

超薄二硫化钼由于其有限的能带隙成为一种极具吸引力的层状半导体。然而，沉积在半导体2H相上的金属通常形成高电阻率($0.7 \sim 10 \text{k}\Omega \cdot \mu\text{m}$)接触，导致肖特基传输受限。研究表明，二硫化钼的金属1T相可以在半导体2H相纳米片上局部诱导，从而将接触电阻率降低到$200 \sim 300\Omega \cdot \mu\text{m}$，栅极偏置为0。在空气中制造和测试的具有1T相电极的场效应晶体管(FET)的迁移率值为$50 \text{cm}^2/(\text{V} \cdot \text{s})$，开/关比>$10^7$，驱动电流接近~100μA/μm和优异的电流饱和。不同金属的沉积对FET性能的影响有限，表明1T/2H界面控制沟道中的载流子注入。利用基于二硫化钼相位工程的策略，还可以提高电特性的再现性。

3.3.4 热电材料应用

热电效应被定义为电能（电压）和热能（温度梯度）之间的直接转换，这对于将热能转变为电能，具有重要的实际意义。目前，已有很多研究利用热电效应从废热中收集能量，但是热电材料的低效率成为一大瓶颈。目前，提高转换效率的方法之一是降低热导率。层状结构的范德华层间的插层过程，引入原子或分子可以扰乱声子的传播，从而降低热导率。早期的例子是非过渡金属硫族化合物$CsBi_4Te_6$，展示了层状结构中的插层原子如何有助于提高热电效率。范德华层间Cs^+的局部振动，产生声子的共振散射。研究表明，通过将SnS层嵌入TiS_2层状结构中形成$(SnS)_{1.2}(TiS_2)_2$的天然超晶格结构，范德华层间插入的SnS层削弱了层间键合，降低了横向声速。此外，SnS层可以在晶格中起到平移无序的作用，导致光子局部化。这种通过插层的热导率控制不仅局限于过渡金属二硫属元素化合物，而且还可以推广到其他层状材料，为层状材料热电材料的利用提供了重要方法。

在块体热电材料中加入第二相的方法已被证明有利于提高热电性能。因此，研究人员研究了二维材料（二硫化钼或石墨烯）的存在对$CoSb_3$纳米复合材料的结构、电学和热电性能的影响，其中尺寸为20~50nm的$CoSb_3$纳米颗粒均匀地锚定在二硫化钼和石墨烯的二维片材表面。二维纳米片的存在提高了热电功率因子和热电优值。在$CoSb_3$中加入石墨烯会导致功率因子大幅提高，这是由于其具有显著的高电导率和可观的塞贝克系数。二维石墨烯可通过提供额外的载流子传导通道及用于电荷传输的低界面势垒。在$CoSb_3$中均匀分散的二硫化钼二维片在相对较大的界面势垒的辅助下，引起电荷载流子有效质量的界面调制，从而导致显著更大的塞贝克系数和高度抑制的声子电导率，远大于石墨烯。2种纳米复合材料中的热电优值在300~700K的温度范围内显著提高，在$CoSb_3$上的增益随着温度升高而增加。虽然$CoSb_3$/石墨烯纳米复合材料在较高温度（550~700K）下表现出异常高的热电优值，但$CoSb_3$/MoS_2纳米复合物在近室温范围内表现出更好的性能（超过石墨烯）。本研究为提高各种TE材料的转化效率提供了一种新的思路，并在各种温度范围内的废热回收应用中具有重大潜力。

3.3.5　热导率调控材料应用

二硫化钼具有典型的层状结构，利用其层间距可调的特点，可以实现改变其性能。密歇根大学安娜堡分校 Debasish Banerjee 和伊利诺伊大学香槟分校 David G. Cahill 课题组，通过气相沉积法制备垂直生长的二硫化钼层状材料，利用锂离子电池的工作原理，在二硫化钼层间可控插层锂离子，通过外来锂离子的插入，改变二硫化钼的晶面间距，实现对二硫化钼热导率的调控。同时，通过控制电化学工艺过程，精准调控锂离子的嵌入量，动态可控调控热导率，这为理解二硫化钼的热导率调控和精准制备热导率可调的二维材料，提供了有力证据。在热导率调控方面，主动调节纳米级热流的能力可能会改变热管理和能量收集应用的方式，这种突破可通过类似于电子电路的方式使用热电路来控制热流，进而实现纳米尺度的热管理和能量收集。斯坦福大学崔毅等，同样利用二硫化钼层间结构可调的特点，在二硫化钼薄膜层间，可逆地嵌入具有不同数量级的锂离子，获得热开/关比可以动态切换的热晶体管，实验使用空间分辨的时域热反射来绘制器件操作过程中锂离子的分布图，并使用原子力显微镜来显示锂化状态与厚度和表面粗糙度的增加相关性规律。第一性原理计算结果表明，热导率的调节是通过 c 轴应变和堆叠混乱造成的。本研究为电化学驱动的纳米级热调节器奠定了基础，并建立了热计量学作为纳米材料时空平衡动力学的有用工具，将过渡金属二硫属化合物在热导率调控方面的应用推向一个新的高度。

3.3.6　超导材料上的应用

众所周知，在层状材料中插入外来物可以诱发一种新的集体电子现象，而这种现象在主体材料中并不常见。二硫化钛在低温下保持低的电荷密度波的特性，而一旦铜插入变为 Cu_xTiS_2，即在 $x = 0.04$ 的情况下，会呈现一种超导体的特征，在此情形下电荷密度波被持续抑制。这种通过插层反应实现正常材料到超导体转变的方法，已被推广到许多其他类型的层状材料，通过插层实现的超导性是 Bi_2Se_3，它是拓扑绝缘体的备选材料。这证明了大块晶体合成和电化学插层铜可以诱导 Bi_2Se_3 的超导特性。对于通常的层状超导材料，可以使用插层法来提高超导转变温度（T_c），铁基超导体的一个著名离子是硒化铁（FeSe），其 T_c 为 8K。然而，金属原子（K）和酰胺锂/氨分子 $[Li_x(NH_2)_y(NH_3)_{1-y}]$ 可以极大地提高 T_c，30（不含）~40K。目前，对于超导电性和插层的微观起源机理，尚不完全清楚。中间物的结构变化与超导性密切相关，如四面体的变形和间隔层增加的层分离。基本电子参数，如高载流子密度和费米表面维数的变化，也将是揭示通过插层调节的不同基态之间竞争的重要因素。

2H 相 MoS_2 由于其依赖于层的电子结构和新颖的物理性质而受到广泛研究。虽然在微观区域观察到具有 $[MoS_6]$ 八面体的亚稳 1T 相 MoS_2，但 1T 相的真实晶体结构尚未严格确定。此外，由于纯 1T MoS_2 晶体的制备面临挑战，研究人员成功合成了 1T MoS_2 单晶，并通过单晶 X 射线衍射确定 1T MoS_2 的晶体结构。1T 相 MoS_2 的晶胞参数 $a = b = 3.190$Å，$c = 5.945$Å。单个 MoS_2 层由相互共享边缘的 MoS_6 八面体组成。大块 1T MoS_2 晶体经历了 $T_c = 4K$ 的超导转变，这是首次观察到纯 1T MoS_2 相的超导特性。

将层状材料剥离至单层极限的能力，提供了理解尺寸逐渐减小如何影响块状材料性能的机会。研究人员使用自上而下的方法来解决二维极限中的超导性问题，介绍了基于不同厚度的 2H 相 TaS_2 薄片电子器件的输运特性，TaS_2 的晶体结构示意如图 3-5 所示。我们观察到超导电性一直保持到所研究的最薄层（3.5nm），研究发现，随着二维材料层的减薄，临界温度从 0.5K 到 2.2K 有明显提高。此外，研究人员提出了一个紧束缚模型，该模型允许将这种现象归因于有效电子-声子耦合常数的增强。这项工作为降低维数可以增强超导性的验证提供了证据，而不是迄今为止在其他二维材料中报道的弱化效应。

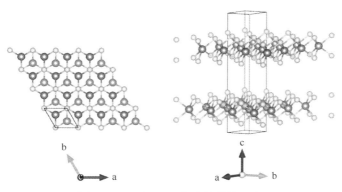

图 3-5　2H 相 TaS_2 的晶体结构示意

二硫化钼纳米薄膜的制备及应用

4.1　引言

二硫化钼(MoS_2)作为过渡金属二硫属化合物的典型代表,因为优异的物理、化学性能受到科研界和工业界的广泛关注。与石墨烯不同的是,二硫化钼是一种具有可调带隙的直接半导体,通过调控组成、功能化和应用外部作用场实现诸多功能。近些年被广泛研究并用于纳米器件、光电子及柔性电子器件等。目前,虽然对单层、多层的 MoS_2 材料热导率均有过报道,但是,对于通常发生在晶体生长过程、设备的制造和应用中那些结构和成分紊乱的、具有各向异性热导率性能的 MoS_2 却鲜有报道。

对 MoS_2 来说,外来离子可以插入主体材料范德瓦尔斯层间,改变主体材料的电子结构和光电性能等。同时,插层反应也可以诱导主体材料的结构和组成产生紊乱,包括层间距、与相邻原子的反应强度及相变等。对于外来离子来说,其插入的离子数量可通过电压来控制,因而可以实现可控插层。所以,电化学插层法提供了一种系统的、可以定量改变材料组成和紊乱程度的方法,并且研究这种紊乱程度如何改变二维材料的热导率。

在二维 TMDs 材料的制备方面,一般采用机械剥离法、化学气相沉积法、溶剂热法及电化学法。其中,CVD 法是一种制备高质量二维材料的常用方法,是以过渡金属和硫单质为原料,以氩气为载硫气体,在一定温度下使过渡金属充分硫化得到 TMDs。因为过渡金属层有一定的厚度,所以这种方法的控制难点在于对过渡金属的完全硫化问题。本章介绍了二硫化钼的结构、性质及制备方法,并系统总结了二硫化钼的潜在应用。

4.2 二硫化钼的结构

过渡金属二硫属化合物是一类具有式 MX_2 的材料，其中 M 是来自第 Ⅳ 组（Ti、Zr、Hf 等）的过渡金属元素、第 Ⅴ 组（如 V、Nb 或 Ta）或第 Ⅵ 组（如 Mo、W 等），X 是硫属元素（如 S、Se 或 Te）。因此，过渡金属二硫属化合物的组合形式众多，而二硫化钼是其中典型的代表。这些材料的晶体结构由 X—M—X 的"三明治"夹层组成，其中 M 原子层被包裹在两个 X 层中，层中的原子组成六边形。相邻层通过弱范德华力相互作用结合在一起，形成各种多型的块状晶体，其堆叠顺序和金属原子配位不同。过渡金属二硫属化合物的整体对称性为六边形或菱形，金属原子具有八面体或者三角棱柱配位。因此，二硫化钼的晶体结构主要有三种，分别是扭曲的四方相（1T 相）、六方相（2H 相）和菱形相（3R 相），如图 4-1 所示。1T 相二硫化钼为六角形对称，每重复单元两层，三角棱柱配位，具有金属性特征；2H 相二硫化钼为六角形对称，每重复单元两层，三角棱柱配位，具有半导体性特征；而 3R 相二硫化钼为菱形对称，每重复单元三层，三角棱柱配位。所以，二硫化钼丰富的结构特征，决定了二硫化钼具有多种不同的性能。

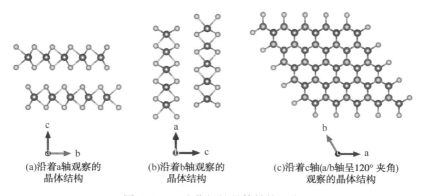

(a)沿着a轴观察的　　　　(b)沿着b轴观察的　　　　(c)沿着c轴观察(a/b轴呈120° 夹角)
晶体结构　　　　　　　　　晶体结构　　　　　　　　观察的晶体结构

图 4-1　二硫化钼的晶体结构示意

4.3 二硫化钼的物理/化学性质

二硫化钼有 1T 相、2H 相和 3R 相的组成，因此具有多种应用。由于其独特的电子、光学和催化性能，已广泛应用于许多领域，如加氢脱硫催化剂、光伏电池、光催化剂、锂电池、超级电容器和干润滑剂。MoS_2单分子膜在电子和光电子器件中的应用直接取决于其电子性质，如能带结构和态密度。研究发现，利用第一性原理计算的块体二硫化钼的带隙为 1.2 eV，MoS_2单分子膜的能带结构和带隙对外界应变非常敏感，与石墨烯相比，改变 MoS_2单分子膜的带隙所需的应变要小得多。机械应变降低了半导体 MoS_2单层的带隙，导致直接–间接带隙和半导体–金属过渡。然而，这些转换在很大程度上取决于应用类型。结果表明，在所有半导体 MoS_2单分子膜中，约 10%的均匀双轴拉伸应变导致半导体到金属的转变。考虑 MoS_2单分子膜的精确带隙，应增加过渡所需的应变。

一方面，通过大量实验对大块 MoS_2 的光学特性进行实验研究，计算的体 MoS_2吸收光谱表明，在 1.88eV 和 2.06eV 处有两个明显的低能峰，这主要是因为在布里渊区的 K 高对称点，分裂价带(VB)和导带之间的直接跃迁。另一方面，激子效应对于理解纳米结构和二维材料由于减少了电子屏蔽而产生的光学吸收光谱非常重要，第一性原理计算表明，电子能量损失谱(EELS)由两个显著的面内极化共振特征组成，即低于 10eV 的 p 等离子体峰和高于 10eV 的 π+σ 等离子体峰。

4.4　二硫化钼的制备方法

迄今为止，机械剥离是生产最干净、高度结晶和原子级薄的层状材料纳米片的最有效方法。在典型的机械剥离制备工艺中，首先使用黏合剂透明胶带将合适的薄的过渡金属二硫属化合物晶体从其块状晶体上剥离。再将这些黏附在透明胶带上新切割的薄晶体与目标基体接触，并使用塑料镊子等工具进一步擦拭，减弱界面作用力，从而将过渡金属二硫属化合物分离，完成制备过程。通过使用机械剥离法，不仅单层和多层二硫化钼纳米片可以制备出来，而且大量厚且呈现块状的二硫化钼拨片也会留在基板上。因此，如何快速准确地定位、识别单层和多层二硫化钼纳米片是基础研究和实际应用前的第一步。有研究者开发了一种简单、快速、可靠的光学方法来识别单层到 15 层厚度的二维纳米片材料，这种方法广泛用于石墨烯、二硫化钼、二硒化钨、二硫化钽等材料中，普遍采用 90nm 或者 300nm 厚的 SiO_2/Si 基体材料。

4.5　二硫化钼纳米薄膜的制备

二硫化钼材料的制备方法多种多样。本章采用一种 CVD 法制备二硫化钼的新方法，首先制备钼金属薄膜层，然后在高温下硫化制备二硫化钼材料，并用于各种功能器件中。本实验采用自制的二硫化钼薄膜和商业化的成品二硫化钼薄膜，制备二硫化钼纳米复合材料。

4.5.1 钼金属薄膜的制备

选用商用的蓝宝石基体的衬底，尺寸大小为 5mm×5mm。首先，将基体置于乙醇和丙酮溶剂中处理 30min，以去除基体表面的杂质及有机物，保证金属钼与基体表面有一个良好的接触。并在 50℃的鼓风干燥箱中干燥 1h，以获得表面干燥的基体。然后，将光洁的蓝宝石基体置于磁控溅射仪腔内，调整基体位置对准钼金属溅射源位置，并用胶带固定。最后，启动磁控溅射仪，调节溅射速度和时间，获得 150nm 厚的钼金属层，如图 4-2 所示。待金属钼镀膜完成，取出样品置于样品盒中备用。

图 4-2 磁控溅射设备照片

4.5.2 二硫化钼薄膜的制备

以金属钼制备二硫化钼的方法，是一种化学气相沉积的方法。以钼金属为钼源，硫单质为硫源，在高温下降硫单质气化，在载流气体的作用下，硫气体与金属钼在高温下反应，制备得到二硫化钼材料。具体来说，通过磁控溅射法制备 150nm 厚的薄膜，然后将钼金属薄膜样品置于真空管式炉的石英管中间位置，在陶瓷的高温坩埚中盛入适量的硫粉作为硫源，并置于石英管的上风口，以氩气为载硫气体，流速为 60cm/min。载流气体的流速需要适中，如果流速过快，极易造成硫单质快速通过石英管，使得反应不充分；而如果流速过慢，使得钼金属处于硫气体过量的环境中，造成硫粉的大量堆积，影响二硫化钼的生成质量。需要注意的是，反应开始前石英管内被空气填充，需要将空气排出。因此，在未升温前，打开氩气阀，通入1h氩气，将石英管内的空气全部排出。随后设定管式炉的加热方式，温度设置为780℃，升温速率为5℃/min，待温度达到目标温度，保持温度1h，使钼金属薄膜与硫粉充分反应，得到特定厚度的二硫化钼薄膜材料。实验所用的设备及制备过程如图4-3所示。

图4-3　实验所用的设备及制备过程示意

对商业化的块体二硫化钼而言，采用机械剥离的方法，可以得到二硫化钼薄膜材料。在本实验中，首先利用双面胶带，将块体二硫化钼固定在光洁的衬底表面，再采用透明胶带轻轻黏结二硫化钼块体表面，并将其转移至铜箔表面，以便于后续将其固定，制成可以用电化学反应或者其他反应的电极材料。在机械剥离实验过程中，要认真查阅商业化二硫化钼块体的基础信息，包括晶体结构、密度、物理黏附力等。通过大量的剥离实验，确定机械剥离的工艺参数。

4.5.3　二硫化钼电极的制备

在本实验中，采用电化学插层法制备二硫化钼纳米复合材料，因此在进行实验前，需要将二硫化钼薄膜材料制备成可以用作电化学实验的电极材料。用聚酰亚胺双面胶带，将沉积有二硫化钼的蓝宝石基体粘贴在电子束蒸发沉积仪腔内，并用胶带遮挡部分，使二硫化钼边缘裸露，采用电子束蒸发法在二硫化钼材料的边缘沉积金薄膜，得到二硫化钼电极材料。具体的制备过程如图4-4所示。

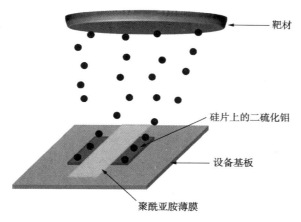

图 4-4 二硫化钼电极制备过程示意

对商业化的块体二硫化钼，将剥离的二硫化钼薄膜材料，剪成规则的矩形形状，并转移至表面抛光的铜箔表面，在矩形二硫化钼薄膜材料的三边涂覆导电银胶，再将其置于 50℃ 的恒温热态上，加热 10min，使其充分干燥，将二硫化钼薄膜固定。二硫化钼薄膜材料的另一边裸露在外，便于参与化学反应。具体的电极制备过程如图 4-5 所示。

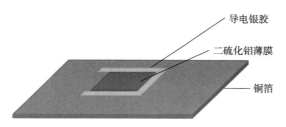

图 4-5 块体二硫化钼电极制备过程示意

4.5.4 二硫化钼纳米复合材料的制备

二硫化钼纳米复合材料的制备方法众多，其中电化学插层法是最常见的一种，这种方法充分发挥了二维材料的层状结构特点。根据二硫化钼作为锂离子电池负极材料的特点，锂离子可以在二硫化钼层间插层，因此将锂离子通过电化学驱动的方法，插入二硫化钼的层间，得到 Li_xMoS_2，极大地改变了二硫化钼的性质。

因此，采用传统的电化学方法，将二硫化钼电极作为工作电极，锂金属为对电极和参比电极，置于无水无氧的手套箱中，以 1mol/L 的 $LiPF_6$ 溶于体积比为 1:1 的碳酸亚乙酯和碳酸二甲酯的混合溶液作为锂离子电池的电解液，组装成瓶装电池。设置加载电流为 $-20\mu A$，从 1.1V 开始充电，使锂离子插入二硫化钼层间。在充电过程中，二硫化钼被还原，直到充电电压为 3V 时，终止实验。取下样品进行表征，制备成 Li_xMoS_2 插层化合物，电化学反应式如下：

$$MoS_2 + xLi^+ + xe^- = Li_xMoS_2$$

$$(\sim 1.1V \text{ vs. } Li/Li^+,\ 0 \leqslant x \leqslant 1)$$

除了在二硫化钼层间插入无机锂离子，改变二硫化钼的物理性质，也可以在二硫化钼层间插入有机物，进一步改变二硫化钼的属性。正己胺盐酸盐是一种直链型的盐酸盐，容易电离出正己胺盐阳离子（HA）和氯离子（Cl^-）。其中，正己胺盐阳离子带有正电荷，其作用与锂离子作用类似，在电场驱动下，可以插入二硫化钼层间，制备成有机-无机超晶格结构，可以改变二硫化钼的基本属性。正己胺盐阳离子的电离方程式如图 4-6 所示。

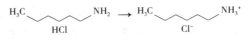

图 4-6　正己胺盐阳离子电离过程示意

二硫化钼层间插层正己胺盐阳离子的电化学过程，可分为以下几个步骤：①电解液的配置。以二甲基亚砜（DMSO）为溶剂，正己胺盐酸盐为溶质，配置成 50mL 0.5mol/L 的 HA/DMSO 溶液。②以二硫化钼电极为工作电极，金属铂为对电极和参比电极，HA/DMSO 溶液为电解液。对电化学体系分别加载 $1mA \cdot h$、$2mA \cdot h$、$3mA \cdot h$、$4mA \cdot h$ 和 $5mA \cdot h$ 的电量，在不同的电量下，可以驱动不同量的 HA 进入电化学系统，从而不同程度地改善二硫化钼的性能。③待插层反应结束后，将不同电荷量插层的样品置于去离子水中浸泡 12h，使插层化合物与水分子进行充分的离子交换，进一步改变二硫化钼的性质。

为了进一步验证外来离子插层法改变二硫化钼性质的基本过程，选用商业化的块状二硫化钼（MTI corporation）样品。首先，将 1mm 厚的铜箔剪切为 $10mm \times 5mm$ 的样品，将其分别置于乙醇、丙酮和异丙醇溶液中 30min，以处理样品表面可能的有机物和杂质。将铜箔在烘箱中烘干或者用气枪急速吹气风干。随后，采用机械剥离法，将块体的二硫化钼剥离为单层甚至多层的二硫化钼薄膜，轻轻转移至铜箔表面，采用导电银胶在二硫化钼周围轻轻涂覆，留出一侧二硫化钼裸露，以便于电化学插层反应从该边缘反应。将带有导电银胶的二硫化钼置于 70℃ 的热台表面，使导电银胶迅速固化，成功制备二硫化钼电极材料。在进行电化学插层反应前，以粘有二硫化钼的铜箔为工作电极，金属铂为对电极，以上述的 HA/DMSO 为电解液，制备成瓶装电池。加载不同的电荷量，从而不同程度地改变二硫化钼的性质，制备过程如图 4-7 所示。最后，表征二硫化钼的性能。

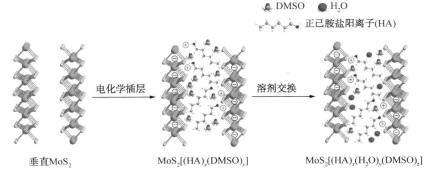

图 4-7　插层法制备二硫化钼纳米复合材料的过程示意

4.6　二硫化钼纳米复合材料的表征

4.6.1　X 射线衍射表征

对于制备的二硫化钼样品，首先采用 XRD 表征其基本结构，获得其基本参数。通过电化学插层法对二硫化钼薄膜样品进行处理后，外来离子的引入会改变二硫化钼的晶体结构。图 4-8 所示为二硫化钼薄膜的晶体 XRD 谱图，结合国际衍射数据中心（ICDD）的标准卡片 PDF（No. 037-1492）可以得出，薄膜二硫化钼是典型的多晶二硫化钼，其在 32.8° 有明显特征峰，对应二硫化钼的（100）晶面。而且在 58.5° 也出现特征峰，对应二硫化钼的（110）晶面。因此，从 XRD 的数据结果分析，典型的二硫化钼特征峰已经出现，表明通过化学气相沉积法成功制备了二硫化钼薄膜材料。

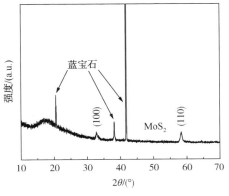

图 4-8　制备的 MoS_2 的晶体 XRD 图谱

采用离子插层法，可以制备二硫化钼的纳米复合材料，在本实验中，在二硫化钼层间插入锂离子，改变二硫化钼原有的晶面间距，其特征峰消失，如图 4-9 所示。另一种方案，在二硫化钼中插入正己胺盐阳离子，制备成有机-无机的超晶格结构，显著改变二硫化钼的性能。这可能是因为正己胺盐阳离子、水分子、DMSO 分子插入二硫化钼层间，得到 $MoS_2[(HA)_x(H_2O)_y(DMSO)_z]$，使得 MoS_2 的层间距发生变化，晶体结构发生紊乱，峰位彼此相互影响，导致特征峰消失，如图 4-10 所示。

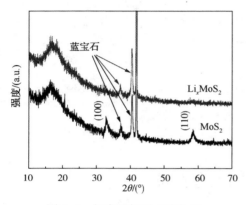

图 4-9　锂离子插层二硫化钼和新制备 MoS_2 的晶体 XRD 对比图谱

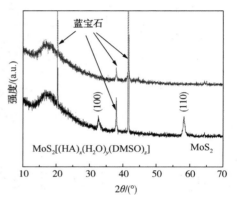

图 4-10　正己胺盐阳离子插层二硫化钼和新制备 MoS_2 的晶体 XRD 对比图谱

4.6.2　拉曼光谱表征

拉曼光谱是一种有效分析二维材料的光谱方法，其作用原理是基于印度科学家 C. V. 拉曼（Raman）发现的散射效应，即不同频率的光线照射到物质表面，光谱照射到材料表面产生不同的转动和振动信息，并以此来确定材料的组成和结构。在本实验中，二硫化钼是通过对金属钼的硫化反应制得的，所以硫化程度影响二硫化钼纳米复合材料的性能。CVD 法制备二硫化钼的过程如图 4-11 所示，主要包括以下 3 个阶段：钼金属的沉积阶段，该阶段主要完成金属钼的沉积，为后续的反应提供硫源；钼金属的部分硫化阶段，该阶段是金属钼的硫化阶段，该阶段的特点是钼金属过量，硫单质不足，因此该阶段获得的二硫化钼为部分硫化，即上层为二硫化钼，下层为钼金属；钼金属的完全硫化阶段，该阶段的硫单质适量或者过量，而钼金属相对适量或者不足，制备的二硫化钼被完全硫化，因此从底部到顶部，均为二硫化钼。

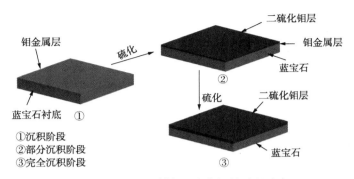

①沉积阶段
②部分沉积阶段
③完全沉积阶段

图 4-11　CVD 法制备二硫化钼的过程示意

为了验证钼金属是否被完全硫化，采用表面拉曼和背面拉曼光谱测试的方法。表面拉曼光谱和背面拉曼光谱基于以下逻辑：金属钼的硫化过程是从表面到内部，因此，假设钼金属完全硫化生成二硫化钼，则不管从表面还是背面测试拉曼光谱，均体现为二硫化钼的特征峰；而假设钼金属未完全硫化，则表面样品为二硫化钼，而底部为未硫化的钼金属，因此，表面拉曼光谱结果为二硫化钼特征峰，而底部拉曼光谱为钼金属特征峰。表面拉曼和背面拉曼光谱的测试方法示意如图 4-12 所示。

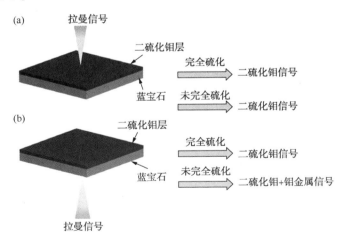

图 4-12　表面拉曼和背面拉曼光谱的测试方法示意

图 4-13 所示为表面拉曼光谱的测试结果。从图中可以看出，二硫化钼的表面拉曼光谱，在 $286cm^1$、$383cm^{-1}$ 和 $409cm^{-1}$ 处有典型的拉曼振动峰，分别对应二硫化钼的面内 E_{1g} 模式、面内 E_{2g}^1 振动模式和面外 A_{1g} 的振动峰，这表明材料表面为二硫化钼材料。为进一步确认底部的钼金属是否被硫化为二硫化钼，采用背

面拉曼光谱对材料进行表征，测试数据如图 4-14 所示。从图中可以看出，样品在 286cm^{-1}、383cm^{-1} 和 409cm^{-1} 处有典型的拉曼振动峰，而未发现金属钼的振动峰，这表明材料底部的钼也被硫化为二硫化钼。结合表面拉曼光谱和背面拉曼光谱，表明金属钼被完全硫化为二硫化钼。同时在 420cm^{-1} 处探测到蓝宝石的特征峰，这是因为在背面拉曼光谱的测试中，激光信号穿过蓝宝石，不可避免地出现蓝宝石的振动峰。

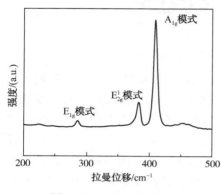

图 4-13　二硫化钼表面
拉曼光谱的测试结果

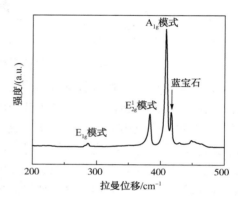

图 4-14　二硫化钼背面
拉曼光谱的测试结果

4.6.3　X 射线光电子能谱表征

X 射线光电子能谱是一种表面敏感的定量光谱技术，可用于分析材料在接收状态或经过某种处理后的表面化学，因此可以表征二硫化钼的组成和价态。

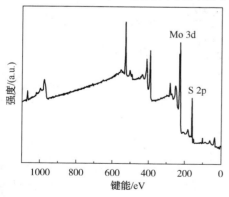

图 4-15　二硫化钼的 XPS 全谱分析

图 4-15 所示为二硫化钼的 XPS 全谱分析。从图中可以看出明显的二硫化钼的 Mo 3d 特征峰位和 S 2p 的特征峰位，这表明成功制备出二硫化钼。图 4-16 所示为二硫化钼的 Mo 3d 的分峰曲线，在 227.5eV 对应 Mo 3d$_{5/2}$，而在 230.7eV 出现极强的峰位，对应 Mo 3d$_{3/2}$。而在 224.8eV 处，也出现特征峰，对应 S 2s。图 4-17 所示为二硫化钼的 S 2p 的分峰曲线。从图中可以看出，在 S 2p 出现两

个特征峰，在 161.6eV 和 160.4eV 处出现两个特征峰，分别是 S 2p$_{1/2}$ 和 S 2p$_{3/2}$ 能谱。二硫化钼的全谱分析、Mo 3d 和 S 2p 等分析，表明成功制备出二硫化钼。

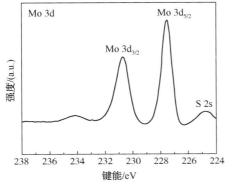

图 4-16　二硫化钼的
Mo 3d 光电子能谱图

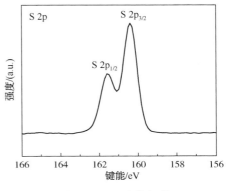

图 4-17　二硫化钼的
S 2p 光电子能谱图

4.6.4　X 射线荧光表征

X 射线荧光（X-Ray Fluorescence，XRF）是由高能 X 射线或者伽马射线轰击激发材料发出的特征"次级" X 射线或荧光，这一现象被广泛用于元素分析、化学分析，特别是针对金属、玻璃、陶瓷和建筑材料的研究，以及地球化学、法医科学、考古学和艺术品的研究。而对材料科学而言，同样可以利用其基本原理，对材料的元素组成进行分析。具体的表征能力在很大程度上取决于每个元素所具有的独特原子结构，原子被激发后都会产生特定能量的 X 射线，在电磁发射光谱上会出现一组独特的峰。根据不同材料产生的 X 射线的特异性，通过探测 X 射线，就可以判断出所测样品的组成信息，用于材料的表征。

本实验中，为了进一步表征钼金属被硫化变为二硫化钼的过程，采用 XRF 对样品进行表征。从图 4-18 中可以看出，在 2.3keV 处出现特征峰，这是金属 Mo 的 Lα 曲线。同时，在图 4-19 中，可以明显地观察到在 2.3keV 处的特征峰，对应 S 的 Kα 曲线。从图 4-18 和图 4-19 的测试结果可以看出，成功制备出二硫化钼。

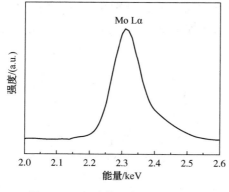
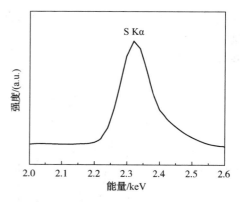

图 4-18　二硫化钼的 Mo Lα 曲线　　　　　图 4-19 二硫化钼的 S Kα 曲线

4.6.5　扫描电子显微镜表征

扫描电子显微镜(Scanning Electron Microscope，SEM)是一种通过聚焦电子束扫描样品产生图像的电子显微镜。主要的工作原理是电子与样品中的原子相互作用，产生各种可以被检测到的信号，这些信号包含样品表面形貌和组成的信息。电子束通常以栅格扫描模式进行扫描，并且电子束的位置与所检测到的信号相结合以产生图像。SEM 分辨率优于 1nm。样品可以在高真空、低真空、湿条件下观察(环境扫描电镜)，以及在大范围的低温或高温下观察。因此在本实验中，通过扫描电子显微镜可以观察样品的形貌，以便于在特定的应用下，以 SEM 结果为导向，通过二硫化钼的制备工艺。图 4-20 所示为 CVD 法制备的二硫化钼薄膜材料。从图中可以看出，原始的二硫化钼薄膜材料表面光洁，没有过多的杂质，说明锂离子电化学插层过程对样品的表面形貌影响较小。经过电化学插层

(a)低倍SEM照片　　　　　　　　　(b)高倍SEM照片

图 4-20　未经处理的二硫化钼薄膜的低倍和高倍 SEM 照片

的二硫化钼薄膜材料，表面的形貌略有变化，部分区域变得粗糙且无序，如图4-21(a)所示。图4-21(b)所示为样品经过电化学插层正己胺盐阳离子反应后的样品表面高倍SEM照片。从图中可以看出，与图4-20(a)和(b)相比，无杂质颗粒附着，无明显变化，只是略微粗糙。

(a)锂离子插层的二硫化钼薄膜SEM照片　　(b)正己胺盐阳离子插层的二硫化钼薄膜SEM照片

图4-21　经过锂离子插层和正己胺盐阳离子插层的二硫化钼薄膜SEM照片

对于商业化的块体二硫化钼，其形貌影响后续的复合材料制备及应用。图4-22(a)所示为商业化的块体二硫化钼单晶材料的表面SEM照片。从图中可以看出，二硫化钼基本呈现平面性，表面光洁。从边缘裸露处可以看出，二硫化钼的层状特征明显，适合利用机械剥离法制备薄膜材料。图4-22(b)所示为商业化块体二硫化钼单晶材料的截面SEM照片。从图中可以看出，二硫化钼呈现层状形貌，进一步佐证了图4-22(a)得出的结论。

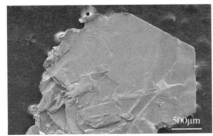 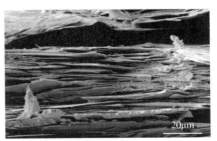

(a)表面SEM照片　　　　　　　　　(b)截面SEM照片

图4-22　块体二硫化钼的表面和截面SEM照片

4.6.6　卢瑟福背散射表征

卢瑟福背散射(Rutherford Backscattering Spectrometry，RBS)是一种用于材料科学的分析技术，有时被称为高能离子散射(HEIS)光谱法，RBS通过测量撞击

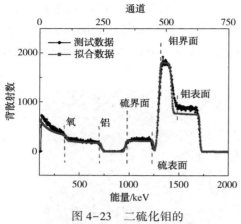

图 4-23 二硫化钼的
RBS 测试数据和拟合数据结果

样品的高能离子束（通常是质子或阿尔法粒子）的后向散射来确定材料的结构和组成。在本实验中，通过高能粒子轰击制备的二硫化钼薄膜的表面，获得其散射信息，以此来分析二硫化钼的组成和厚度。在 RBS 图中，横坐标为背散射能量，散射能量位置代表不同的元素；而纵坐标为背散射数，可以用来表征元素浓度，峰值越大则元素浓度越大。二硫化钼的 RBS 数据如图 4-23 所示，深色曲线为 RBS 测试数据，而浅色曲线为拟合数据。从图中可以看出，测试数据和拟合数据有良好的匹配。在 RBS 数据中，未发现 Mo 原子层的强峰信号，而只探测到 Mo 原子的界面和平面信号。这说明此样品中的钼元素不是以钼金属单质存在，而是以化合物的形式存在。在硫的特征峰位上，未检测出硫的特征峰，而是以硫的界面和表面平台信号存在，说明硫也是以化合物的形式存在。因此，结合钼元素和硫元素的信号，可以证明该化合物是以二硫化钼的形式存在，证明钼金属被完全硫化为二硫化钼。同时，采用 RBS 测试专用的 SIMNRA 软件，对散射数据进行拟合，得到二硫化钼的面密度数据，并结合二硫化钼的体积密度，即可计算出二硫化钼的实际厚度为 153nm。

4.7 本章小结

本章采用化学气相沉积的方法，在 750℃氩气环境中，以 Mo 金属薄膜为金属源，硫粉为硫源，在透明蓝宝石基体上制备了 MoS_2 薄膜，采用卢瑟福背散射、X 射线衍射及拉曼光谱等方法进行表征，得到其精确的厚度、化学组成等参数。利用新制备的二硫化钼薄膜，采用电化学方法对其插层正己胺盐阳离子和锂离子，获得基本的插层反应机理。主要结论如下：

（1）对于二硫化钼薄膜的制备，首先采用磁控溅射法在透明蓝宝石基体上沉积 150nm 的 Mo 金属层，以此为钼源，硫单质为硫源，利用 CVD 法对其进行硫化，从而得到 MoS_2。对新制备的二硫化钼薄膜，利用 XRD 表征，在 32.8°和 58.5°有明显的特征峰，分别对应二硫化钼的（100）和（110）晶面。采用 XPS 对其二硫化钼进行表征，通过 XPS 的全谱分析，可以探测到 Mo 和 S 的能谱，并对 Mo 3d 和 S 2p 的单谱进行分析，发现在 227.5eV 出现强的特征峰，对应 Mo $3d_{5/2}$，而在 230.7eV 处出现极强的峰位，对应 Mo $3d_{3/2}$。在 S 2p 的单谱曲线中，在 161.6eV 和 160.4eV 处出现两个特征峰，分别是 S $2p_{1/2}$ 和 S $2p_{3/2}$ 能谱。XRD 和 XPS 的结果表明，成功制备出二硫化钼薄膜材料。用 Raman 光谱对其正面和反面进行测试，表面拉曼测试确定表面 MoS_2 的生成，背面拉曼表征表明其底部的 Mo 金属被完全硫化，确定没有 Mo 金属层的存在。用 RBS 技术进一步表征 Mo 金属被完全硫化，同时定量测得到其实际厚度为 153nm。

（2）对于 MoS_2 插层化合物的制备，利用电化学方法在 MoS_2 层间插入正己胺盐阳离子和锂离子，得到 $MoS_2[(HA)_x(H_2O)_y(DMSO)_z]$ 和 Li_xMoS_2，用 XRD 表征其晶体结构的变化。结果表明，在二硫化钼层间插入锂离子，改变二硫化钼原有的晶面间距，其特征峰消失。正己胺盐阳离子插入二硫化钼层间，制备成有机-无机的超晶格结构，显著改变二硫化钼的性能。这可能是因为正己胺盐阳离子、水分子、DMSO 分子插入二硫化钼层间，得到 $MoS_2[(HA)_x(H_2O)_y(DMSO)_z]$，使得 MoS_2 的层间距发生变化，晶体结构发生紊乱，峰位彼此相互影响，导致特征峰消失。

二硫化钼纳米片复合材料的制备及应用

5.1 引言

过渡金属二硫属化合物是一种二维材料，结构类似石墨烯，具有独特且优异的物理、化学性能，在科学研究和工程应用领域都受到青睐。然而，过渡金属二硫属化合物与石墨烯的不同之处是，其具有硫原子和过渡金属的不同位置关系，从而引起晶型的巨大变化，当然二硫化钼也不例外。确切地讲，二硫化钼主要存在两种晶型结构，即 2H 相(三棱柱结构)和金属 1T 相(正八面体)，其不同的晶体结构如图 5-1 所示。在性能上，2H 相最为常见，呈现半导体特征，导电性差，结构稳定，而 1T 相是一种亚稳态结构且不常见，呈现金属性质，导电性好(10~100S/cm^{-1})，结构不稳定，被广泛用于能量存储和催化等领域。

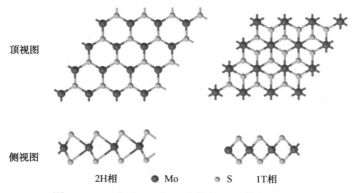

图 5-1 2H 相和 1T 相二硫化钼的晶体结构示意

目前，对于 1T 相和 2H 相的二硫化钼来说，常见的制备方法主要有三种：机械剥离法、液相剥离法和化学气相沉积法。机械剥离法虽然方法简单，成本低廉，但制备的二硫化钼品质欠佳，不适宜用作高性能的光电子器件。液相剥离法和化学气相沉积法，都有各自的缺陷，如工艺流程复杂、大量溶剂和有机锂等危险化学品的使用等，限制其在二硫化钼纳米颗粒领域的使用。本章介绍一种全新的制备 2H 相和 1T 相的方法，即在氢氧化锂的辅助下，在高温环境中煅烧二硫化钼的前驱体，在得到高质量的 2H 相和 1T 相二硫化钼纳米颗粒的同时，减少前驱体的硫化氢气体释放，是一种环境友好型制备方法。

随着我国"碳达峰"和"碳中和"目标的提出，亟须推出新型能源的利用方式，以光伏+储能为主的能源利用方式备受瞩目。其中，锂离子电池作为最具代表性的储能器件，发挥着巨大的作用。同时，锂离子电池在便携式电子产品、电动汽车、电网规模的能源存储装置等领域有着重要的应用。目前由于新型的应用场景层出不穷，在商业领域对电池的高比容量、高能量密度和长循环寿命提出了更高的要求，因此，不管从工程应用领域还是科学研究领域，人们都将研究重点放在如何增加电池的比容量、能量密度和循环寿命上。在当前新兴的成熟材料中，过渡金属氧化物具有低成本和较高的可逆比容量，被广泛用作锂离子电池的负极材料。其中最具代表性的是一氧化锰（MnO）负极材料，其具有高的理论比容量（756mA·h/g）和较低的锂化电位（低于 0.5V vs. Li/Li⁺）。但是，一氧化锰的致命缺点是导电性差，影响电池的寿命提升。同时，在循环过程中随着巨大的体积膨胀，进一步降低了一氧化锰作为负极材料的循环寿命。因此，为了发挥一氧化锰的优异性能并弥补一氧化锰导电性差和体积膨胀，本章介绍了一种新型的方法，即通过将一氧化锰与 1T 相二硫化钼复合的方法，制备 1T 二硫化钼/一氧化锰复合材料，将一氧化锰锚定在 1T 相二硫化钼边缘，利用 1T 相二硫化钼的优良导电性，提升一氧化锰的导电性，用作锂离子电池的负极材料，提升电池的循环使用寿命。

5.2　二硫化钼纳米片的制备

5.2.1　前驱体的制备

本实验中，制备 1T 和 2H 相二硫化钼，是通过高温煅烧二硫化钼前驱体制备的，因此需要对前驱体做精准制备。首先，计算 4mmol LiOH·H₂O 对应的质量，精确称量置于 25mL 烧杯中，并在烧杯中加入 5mL 超纯水（电阻为 18.2MΩ/cm），充分搅拌使其完全溶解。随后精确计算 2mmol 四硫代钼酸铵对应的质量并精确称量，快速加入上述氢氧化锂的水溶液中，利用振荡器充分振荡，使四硫代钼酸铵完全溶解。此过程有刺激性气味，因此需在通风橱中完成。具体的制备过程示意如图 5-2 所示。

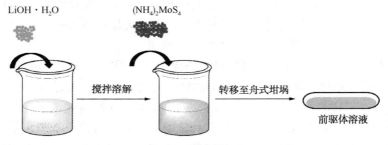

LiOH·H$_2$O   (NH$_4$)$_2$MoS$_4$

搅拌溶解   转移至舟式坩埚   前驱体溶液

图 5-2   二硫化钼前驱体制备过程示意

5.2.2   1T 相和 2H 相二硫化钼的制备

本实验采用氢氧化锂辅助四硫代钼酸铵制备二硫化钼，通过精准控制反应温度，可得到不同相的二硫化钼，如在超过 1000℃ 高温下可以制得 1T 相二硫化钼，而在 400~600℃ 的低温下，可以制得 2H 相二硫化钼，具体各阶段的反应式如下：

$$(NH_4)_2MoS_4+2LiOH \Longrightarrow Li_2MoS_4+2NH_3\uparrow+2H_2O\uparrow$$
$$Li_2MoS_4 \Longrightarrow MoS_3+Li_2S$$
$$MoS_3 \Longrightarrow MoS_2+S$$

总的反应式如下：

$$(NH_4)_2MoS_4+2LiOH \Longrightarrow MoS_2+S+Li_2S+2NH_3\uparrow+2H_2O\uparrow$$

传统采用四硫代钼酸铵制备二硫化钼的方法，通常是采用直接煅烧四硫代钼酸铵的方法，这种方法虽然在制备过程中可以高效地产出二硫化钼，但同时也释放出大量的硫化氢气体，污染环境，是一种环境不友好型的制备方法。而氢氧化锂辅助四硫代钼酸铵制备二硫化钼的方法，产生的硫化氢气体和氢氧化锂反应生成硫化锂，未产生大量的硫化氢气体，是一种环境友好型的制备方法，主要的制备设备是管式炉，如图 5-3 所示。

将上述前驱体置于提前准备好的舟式坩埚中，将舟式坩埚置于石英管中心，并一起置于单区管式炉中，保证舟式坩埚置于最高温度处。连接气路，管式炉一端连接氩气，另一端连接在带有硅油的废气收集瓶中。第一步，在开始制备前，为保证实验的准确性，在石英管中通入氩气，流速保持在 80cm/min，通气 30min 以便于氩气能够迅速驱走石英管中的氧气，保证石英管为无氧环境。第二步，加

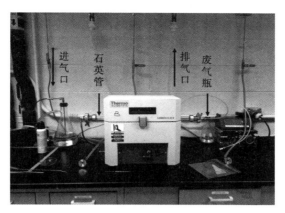

图 5-3　1T 相二硫化钼的制备设备

热管式炉，该过程分为两步完成，以 1℃/min 的速率将管式炉温度升至 80℃，保温 5h。该过程是制备前的预处理过程，主要作用是在低温环境下去除大量水分，并挥发出大量的生成物氨气。待预反应完成，以 5℃/min 的高升温速率，将温度迅速升至 1000℃并保温 4h，使四硫代钼酸铵和氢氧化锂的混合前驱体完全转化为二硫化钼，并且在高温环境下利用二硫化钼结晶，可生成 1T 相二硫化钼纳米片。为研究不同温度对二硫化钼相结构和晶型的控制，取另外一组将经过预反应后的反应物，升温至 400~600℃并保温 4h，研究中温环境下四硫代钼酸铵和氢氧化锂转化为 2H 相二硫化钼的过程。待反应完成，将管式炉降至室温。需要注意的是，管式炉降温采取阶梯降温的方式，首先以低降温速率(0.5~1.0℃/min)将管式炉温度从 1000℃降至 500℃，这一步骤需要在管式炉上设置，由程序控制实现低速率降温。随后，关闭电源使其自然冷却至室温。采用梯度降温法的原因是，1000℃的石英管直接自然冷却，快速的热传递导致石英管骤冷而碎裂，容易发生不安全事故。最后，将制备得到的二硫化钼样品从石英管中取出，经过高温煅烧的二硫化钼可能会粘连在舟式坩埚的坩埚壁上，需要用钥匙轻轻刮下，盛入离心管中，加入超纯水中，因为 1T 相二硫化钼的加入，澄清的超纯水瞬间变为黑棕色。将 1T 相二硫化钼分散液在离心机中以 5000r/min 的低转速离心分离 30min，去除体系中的沉淀物和杂质，反复清理 3 次。再将最后的黑色物质，加入超纯水和无水乙醇，在 15000r/min 高转速下离心 30min，反复 3 次。最终将得到的黑色粉末在真空干燥箱中烘干 4h，收集备用。对于 2H 相二硫化钼的收集，也是类似的处理结果，唯一的区别在于，2H 相二硫化钼加入超纯水变为灰绿色，这是因为 2H 相二硫化钼的半导体特征，与 1T 相二硫化钼的金属特征在色泽上有微小的差异。具体制备过程示意如图 5-4 所示。

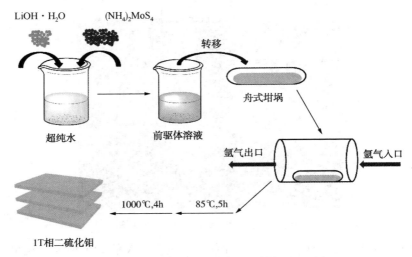

图 5-4　1T 相二硫化钼纳米片的制备过程示意

5.2.3　1T 相二硫化钼/一氧化锰纳米复合材料的制备

由于 1T 相二硫化钼具有优异的导电性能，本实验将 1T 相二硫化钼作为导电剂与一氧化锰复合，制备出 1T 相二硫化钼/一氧化锰纳米复合材料，以此来提升一氧化锰导电性。1T 相二硫化钼具有层状结构特点，是理想的锂离子电池负极材料，不但可以提升一氧化锰的导电性，也可以有较高的比容量，提高锂离子电池的能量密度。

具体的实验过程如下：高导电率的 1T 相二硫化钼和一氧化锰反应，通过干法机械球磨制备而来，干法球磨是一种机械化学方法，将制备好的 1T 相二硫化钼和一氧化锰按照摩尔比为 1 : 9 的比例置于聚乙烯球磨罐中，并加入 1 个直径为 9.5mm 和 2 个直径为 3.2mm 的小球作为球磨球，小球由丙烯酸甲酯制成，是防止铁系球磨体系带来的交叉污染。将球磨罐置于氩气保护的手套箱中，使球磨在无水无氧的环境中反应。在 1725r/min 转速下不间断球磨 10h，使 1T 相二硫化钼和一氧化锰充分反应，一氧化锰颗粒被锚定在 1T 相二硫化钼纳米片的片层边缘，制备成 1T 相二硫化钼/一氧化锰复合材料。

5.2.4　1T 相二硫化钼/钼酸镍纳米复合材料的制备

近 10 年来，高性能锂离子电池的需求不断增长。基于此，大量研究已投入开发具有更高能量和功率密度及更长循环寿命的电极。在最基本的层面上，电池的电化学性能由活性材料基本性能和微观结构的组合控制。

以二硫化钼（MoS_2）为例的层状过渡金属二硫化物（TMD）受到了极大的关注，它们通常由强键合的二维层组成，层间只有弱范德华键合，这使得它们可以剥离成单个原子薄层。对于储能，认为金属八面体配位 MoS_2（1T 相）优于导电性较差的 2H 相，因为具有优异导电性的 1T 相 MoS_2 降低了电荷转移电阻，这是电化学储能的一个重要特性。

结构金属钼酸盐化合物，如 $NiMoO_4$ 纳米线，由于其高电子电导率和氧化还原行为，因此考虑用于催化剂、传感器、超级电容器和电池等应用。它们被认为是潜在的锂离子电极材料，因为钼存在于几种氧化状态，提供了金属钼酸盐作为高能量密度和比容量电极基础的潜力。尽管 $NiMoO_4$ 以多晶形式制备简单，但在此展示的单晶 $NiMoO_4$ 纳米线显示出储能特性，其合成更具挑战性。

最后，虽然添加碳可以改善电极中的导电性，但出于各种原因，从锂离子中去除碳是有吸引力的空气电极。这里，介绍了一种导电无添加剂复合电极制备方法，使用刀片和喷涂工艺的组合来形成 2 层复合电极，由包含 1T MoS_2 和黏合剂的较薄底层和包含 1T MoS_2 和 $NiMoO_4$ 纳米线混合物的较厚顶层组成。复合电极具有 1T MoS_2 纳米片和 $NiMoO_4$ 纳米线的电极结构和固有电化学性能，显示出高比容量和长周期稳定性。

在制备 1T 相二硫化钼/钼酸镍纳米复合材料之前，需要先制备钼酸镍纳米线。首先，制备钼酸镍纳米线前驱体溶液：在 50mL 烧杯中，将 0.80g 氯化镍溶于 30mL 超纯水中，在室温下搅拌 2h 使氯化镍完全溶解。在另一个 50mL 烧杯中，将 1.0g 钼酸钠加入 30mL 超纯水中，室温搅拌 2h 使其完全溶解。待两者完全溶解后，将两溶液混合加入 100mL 烧杯中，并加入 0.5mL 盐酸。随后，将前驱体溶液转入带有聚四氟乙烯内衬的反应釜钢瓶中，再将反应釜放入 120℃ 烘箱中保温 12h，在长时间的高温环境中，反应生成的钼酸镍定向生长为长而细的纳米线材料。待反应完全后，取出反应釜，将所制备的纳米线溶液用超纯水、乙醇溶液在离心机中清洗 3 次，留出备用。上述实验步骤如图 5-5 所示。

在制备 1T 相二硫化钼/钼酸镍纳米线纳米复合材料和电极的过程中，采用喷涂和刮涂的方法，制备一维/二维材料互穿网络结构电极。具体制备过程如下：①通过刮刀涂覆然后喷涂来制备 120μm 厚的 1T MoS_2/$NiMoO_4$ 复合电极。②制备由质量分数为 50% 的海藻酸钠和质量分数为 50% 的 1T 相二硫化钼组成的含水浆料。③将该浆料刀片涂覆在预清洁的铜箔上以形成导电层。④将样品在 80℃ 下真空干燥 2h，并将预先制备的质量分数为 37.5% 的 1T 相二硫化钼和质量分数为

62.5%的钼酸镍纳米线充分混合的溶液喷涂在导电层上。1T 相二硫化钼/钼酸镍纳米复合材料的总平均负载质量为 2.0mg。⑤将复合电极在 120℃下真空干燥 6h。待干燥完成后，将电极取出，裁片备用。上述实验步骤如图 5-6 所示。

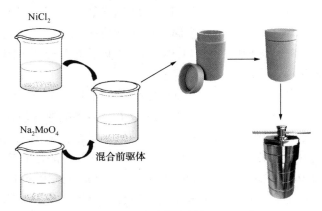

图 5-5　钼酸镍纳米线制备过程示意

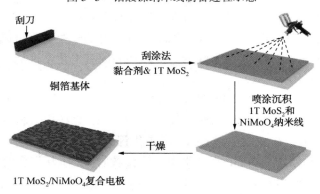

图 5-6　1T 相二硫化钼/钼酸镍纳米复合材料的制备示意

5.3　二硫化钼纳米片复合材料的表征

5.3.1　X 射线衍射表征

采用氢氧化锂辅助钼酸铵制备高温煅烧法，可得到 1T 相和 2H 相的二硫化钼，采用 XRD 对其晶体结构进行表征，如图 5-7 所示。从图中可以看出，最强的衍射峰出现在 14.4°，通过布拉格方程计算出此晶面间距为 $d = 6.15\text{Å}$，对应 1T 相二硫化钼的（002）晶面。而在 $2\theta = 7.5°$ 处，检测到较弱的衍射峰，对应 1T 相二硫化钼的（001）晶面。这是因为采用氢氧化锂辅助钼酸铵制备二硫化钼的过程中，锂离子插入 2H 相二硫化钼层间，扩大了 2H 相二硫化钼层间距，使其转变为 1T 相。这与 ICDD 的 PDF 卡片（JCPDS No.04-017-0898）信息对应一致。需要注意的是，1T 相二硫化钼的制备大多是在 2H 相二硫化钼层间插入外来物，扩大（002）晶面的层间距，因此就会出现（001）晶面。根据插入外来离子的大小和种类，对（002）晶面的扩大作用不同，所以（001）晶面的峰位不尽相同，但 2θ 在 10° 以下。而在 14.4° 处探测极强的衍射峰，对应 1T 相二硫化钼的（002）晶面。除了上述的（001）晶面和（002）晶面的衍射峰以外，在 21.4°、29.0°、33.2°、40.4° 和 44.2° 处也探测到特征峰，分别对应（011）晶面、（004）晶面、（012）晶面、（11$\bar{2}$）晶面和（006）晶面。而在 2H 相二硫化钼中，其 XRD 测试数据如图 5-8 所示。从图中可以看出，在 2H 相二硫化钼的 XRD 图谱中，在 14.1° 出现最强的衍射峰，对应（002）晶面。除此之外，在 32.6°、39.5° 和 58.3° 处也分别探测到衍射峰，分别对应（100）晶面、（103）晶面和（110）晶面。以上数据对应 2H 相二硫化钼的 PDF 卡片（JCPDS No.00-037-1492）。

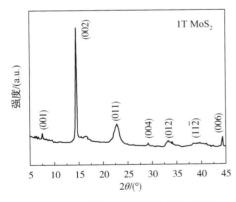 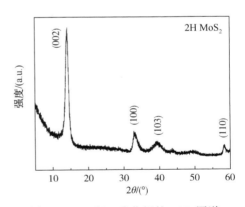

图 5-7　1T 相二硫化钼的 XRD 图谱　　　图 5-8　2H 相二硫化钼的 XRD 图谱

为了表征 1T 相二硫化钼与一氧化锰的相互作用，在反应前需对一氧化锰做基础表征，以便于与反应后的复合材料作对比。本实验中采用购买的商业化一氧化锰颗粒，反应前一氧化锰的 XRD 图谱如图 5-9 所示。从图中数据结果和 PDF 卡片（JCPDS No.04-005-0435）可以看出，最强衍射峰出现在 40.5° 处，对应（200）晶面。除此之外，在 34.9° 和 58.7° 处也出现 2 个次强峰，分别对应 MnO

的(111)和(220)晶面。同时，在70.1°和73.7°处也探测到衍射特征峰，其分别对应MnO的(311)和(222)晶面。

为了表征1T相二硫化钼和一氧化锰成功复合，采用XRD对1T相二硫化钼/一氧化锰纳米复合材料进行表征，结果如图5-10所示。从复合材料的XRD图谱中可以看出，在14.4°仍然探测到极强的衍射峰，该峰是1T相二硫化钼的衍射峰，而在34.9°、40.5°、58.7°、70.1°和73.7°均出现较强的衍射峰，分别对应一氧化锰的(111)晶面、(200)晶面、(220)晶面、(311)晶面和(222)晶面。结果表明，成功制备出1T相二硫化钼和一氧化锰纳米复合材料。

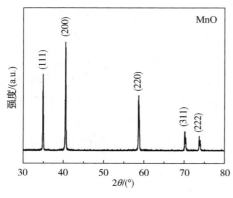

图5-9　一氧化锰的XRD图谱

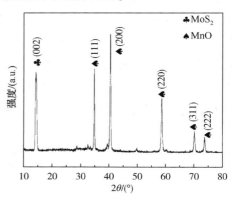

图5-10　1T相二硫化钼/
一氧化锰纳米复合材料的XRD图谱

在制备1T相二硫化钼/钼酸镍纳米复合材料的实验中，采用水热法制备钼酸镍纳米线，并采用XRD对其组成进行表征，如图5-11所示。从图中的数据

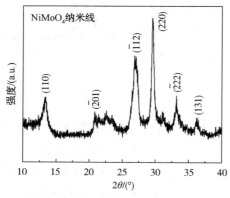

图5-11　制备的钼酸镍纳米线的XRD图谱

结构和PDF卡片(JCPDS No.04-008-9796)可以看出，钼酸镍的特征峰明显，最强的X射线衍射峰出现在29.5°，对应钼酸镍的(220)晶面。在27.6°出现次强衍射峰，对应钼酸镍的($\bar{1}$12)晶面。除了以上的衍射峰以外，在13.3°、20.8°、33.2°和36.2°也出现了衍射峰，分别对应钼酸镍纳米线的(110)晶面、($\bar{2}$01)晶面、($\bar{2}$22)晶面和(131)晶面。

5.3.2 拉曼光谱表征

二维材料采用拉曼光谱表征法，根据 1T 相和 2H 相的不同振动方式，可以判断不同相的组成。图 5-12 所示为 1T 相二硫化钼的拉曼光谱结果。从图中可以看出，在 283cm^{-1}、378cm^{-1} 和 404cm^{-1} 处出现 3 个特征峰，分别对应 1T 相二硫化钼的面内振动 E_{1g} 模式、面内振动 E_{2g}^1 模式和面外振动 A_{1g} 模式。除此之外，在 148cm^{-1}、196cm^{-1} 和 336cm^{-1} 处也探测到拉曼特征峰，分别对应 J_1、J_2 和 J_3 振动模式。结果表明，成功制备出 1T 相二硫化钼。

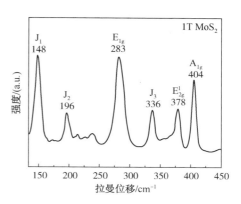

图 5-12　1T 相二硫化钼的拉曼光谱图

为了研究 1T 相二硫化钼和一氧化锰的相互作用，需对一氧化锰进行表征。并采用拉曼光谱表征其基本组成，结果如图 5-13 所示。从图中可以看出，一氧化锰分别在 362cm^{-1} 和 647cm^{-1} 处有明显的拉曼特征峰，与立方相的一氧化锰相匹配，对应一氧化锰的 Mn-O 键。而采用球磨法将 1T 相二硫化钼和一氧化锰进行复合，得到 1T 相二硫化钼/一氧化锰纳米复合材料，拉曼测试结果如图 5-14 所示。从图中可以看出，在复合材料中 1T 相二硫化钼的内振动 E_{1g} 模式、面内振动 E_{2g}^1 模式和面外振动 A_{1g} 模式均存在，同时代表 1T 相二硫化钼的特征拉曼峰 J_1、

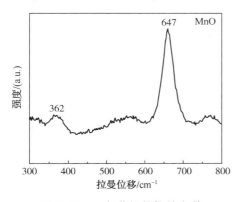

图 5-13　一氧化锰的拉曼光谱

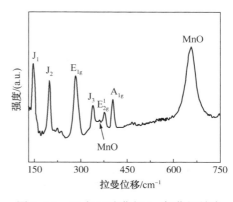

图 5-14　1T 相二硫化钼/一氧化锰纳米复合材料拉曼光谱图

J_2 和 J_3 振动模式也存在。在 362cm^{-1} 和 647cm^{-1} 处有明显的拉曼特征峰也在复合材料中被探测到,复合材料的拉曼峰位是 1T 相二硫化钼和一氧化锰拉曼峰位的叠加,表明成功复合制备出 1T 相二硫化钼和一氧化锰。

5.3.3　扫描电子显微镜表征

1T 相二硫化钼和一氧化锰的形貌影响其电化学性能,采用 SEM 对其形貌进行表征,结果如图 5-15 所示。从图中可以看出,1T 相二硫化钼呈现片状结构,长度为 5~10μm,厚度方向为 500nm~1μm。1T 相二硫化钼的片层结构,具有大的比表面积,有利于和一氧化锰反应,使一氧化锰颗粒锚定在 1T 相二硫化钼边缘,进一步增强两者的作用力。

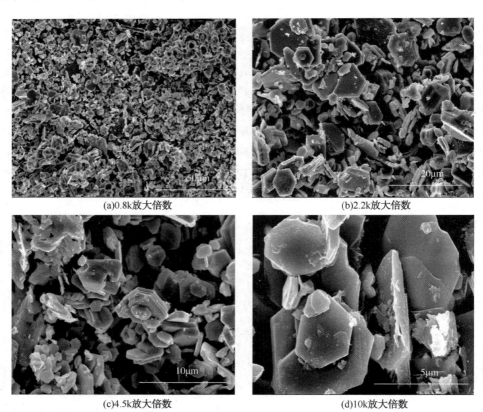

(a)0.8k放大倍数　　　　　　　　　　(b)2.2k放大倍数

(c)4.5k放大倍数　　　　　　　　　　(d)10k放大倍数

图 5-15　1T 相二硫化钼的 SEM 图片

而商业化一氧化锰颗粒，其形貌表征如图5-16所示。从图中可以看出，一氧化锰是纳米颗粒状，呈球形状，大小均匀，直径为0.5~2μm，具有良好的结晶性，是良好的氧化物电极材料，广泛应用于锂离子电池负极材料。因此，本研究将1T相二硫化钼与一氧化锰进行复合，以便于得到高导电性和稳定性的复合材料，改性锂离子电池负极性能。1T相二硫化钼/一氧化锰的形貌也影响电极性能的发挥。图5-17(a)所示为1T相二硫化钼和一氧化锰反应后的低倍SEM照片。从图中可以看出，反应后的1T相二硫化钼的片层结构仍然存在，只是一氧化锰以颗粒状锚定在1T相二硫化钼的层状边缘。而从图5-17(b)中可以看出，反应后的一氧化锰仍然呈颗粒状，尺寸均一完整，这说明成功复合制备出1T相二硫化钼和一氧化锰。

(a)低倍SEM照片

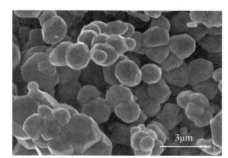
(b)高倍SEM照片

图5-16　一氧化锰的SEM照片

(a)低倍SEM照片

(b)高倍SEM照片

图5-17　1T相二硫化钼/一氧化锰的复合结构SEM照片

钼酸镍纳米线是一种具有电化学活性的纳米材料，具有一维线性结构，其结构影响钼酸镍纳米线与1T相二硫化钼复合，因此采用SEM对其形貌进行表征。图5-18所示为钼酸镍纳米线在不同放大倍率下的SEM照片。从图5-18(a)可以看出，钼酸镍纳米线具有高的长径比，长度方向可达到15~20μm，直径方向为

100~200nm，长径比高达 100～150，因此钼酸镍纳米线具有良好的比表面积。从图 5-18(b)中可以看出，钼酸镍纳米线致密排列，接触良好。图 5-18(c)和图 5-18(d)所示为钼酸镍高分辨率 SEM 照片。从图中可以看出，钼酸镍纳米线线性状态良好，无弯折或折断情况，表明钼酸镍的生长过程稳定，质量良好。综上，已成功制备出钼酸镍，质量良好，适合做锂离子电池的负极材料。

图 5-18　钼酸镍纳米线 SEM 照片

为了表征 1T 相二硫化钼和钼酸镍纳米线的复合状况，采用 SEM 对 1T 相二硫化钼/钼酸镍纳米线复合材料的形貌进行表征，结果如图 5-19 所示。图 5-19(a)表明 1T 相二硫化钼/钼酸镍纳米线复合材料的底层为 1T 相二硫化钼，这是因为在复合电极制备过程中，首先在集流体上刮涂 40μm 厚的 1T 相二硫化钼，然后在其表面喷淋 1T 相二硫化钼和钼酸镍纳米线的复合溶液，因此复合电极上层为 1T 相二硫化钼/钼酸镍纳米线的混合物。图 5-19(b)表明，1T 相二硫化钼/钼酸镍纳米线复合电极表面的纳米线结构清晰可见，在电极孔隙夹杂有 1T 相二硫化钼形成的膜状结构。由图5-19(a)和图5-19(b)可以看出，成功制备出1T相二硫化钼/钼酸镍纳米复合电极。

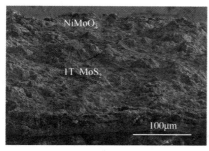 

(a)低倍SEM照片　　　　　　　　　　(b)高倍SEM照片

图5-19　1T相二硫化钼/钼酸镍纳米复合材料的SEM照片

5.3.4　透射电子显微镜表征

图5-20所示为1T相二硫化钼的TEM照片。图5-20(a)所示为低倍下1T相二硫化钼的TEM照片，从图中可以看出，1T相二硫化钼呈多层状分布，层数基本均一。为了研究所制备的1T相二硫化钼的晶体结构，对该区域选区电子衍射表征，结果如图5-20(b)所示。从图中可知：1T相二硫化钼的选区电子衍射结果为斑点状，分布均匀，由晶体学的基本知识可知，斑点状的衍射结果，表明所制备的1T相二硫化钼为单晶结构，并且晶型良好。同时，通过对衍射斑点深入分析可得，1T相二硫化钼具有2a×2a超结构，对照其衍射数据，符合1T相二硫化钼的特点。经过计算相邻2个晶面间距，可以确定2个典型的晶面，即(010)晶面和(100)晶面，表明1T相二硫化钼的单晶是沿着(001)晶带轴方向生长。如图5-20(c)所示为高倍测试下的1T相二硫化钼TEM照片。从图中可以看出明显的晶格条纹。为了更进一步量化2条晶格条纹，选取更高倍的TEM照片[图5-20(d)]为研究对象，从图中可以很容易地计算2条晶面间距，分别为0.30nm和0.27nm，结合ICDD 1T相二硫化钼的衍射数据PDF卡片(ISPDS No.04-017-0898)，可以确定该晶面为1T相二硫化钼的(002)晶面和(012)晶面。并且，从高倍放大的TEM结果可以看出金属钼原子的存在，且相互间呈三角形排列，结合1T相二硫化钼的典型晶体结构，可以进一步确定制备的二硫化钼为1T相。

为了进一步确认(002)晶面和(012)晶面，采用Digital Micrograph软件对高倍1T相二硫化钼的原始图进行信息捕捉，制备出晶面间距曲线，如图5-21所示。

从图中可以看出，沿着(002)方向的晶面排列均匀，晶面间距为 0.30nm，对应图 5-20(d)高倍 TEM 照片中的 9 条晶格条纹，并与其测量的距离一致。同时(012)晶面也体现出这样的特征，晶面间距为 0.27nm，对应图 5-20(d)中高倍 TEM 的 6 条晶格条纹，如图 5-22 所示。

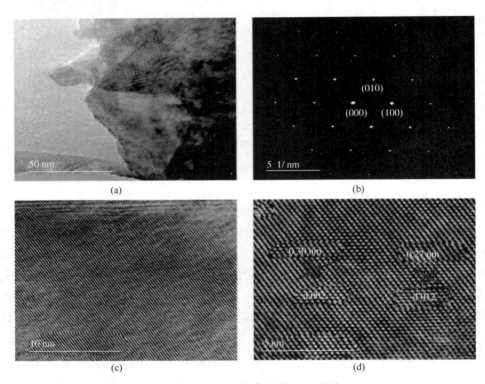

图 5-20　1T 相二硫化钼的 TEM 照片

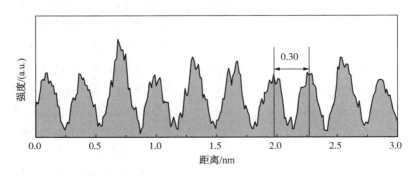

图 5-21　1T 相二硫化钼沿着(002)晶面的晶格条纹距离

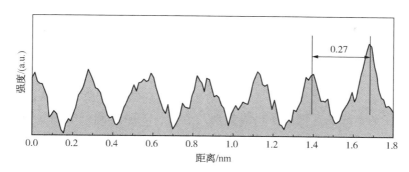

图 5-22　1T 相二硫化钼沿着(012)晶面的晶格条纹距离

　　一氧化锰作为初始反应物，其结构与组成对复合材料也至关重要，图 5-23 所示为一氧化锰的低倍和高倍 TEM 照片。从图 5-23(a)中可以看出，一氧化锰形貌为大小基本均一的颗粒，平均直径为 500nm，与一氧化锰的 SEM 照片尺寸对应一致。一氧化锰的高倍 TEM 照片如图 5-23(b)所示，从图中可以看到清晰的晶格条纹，测量其宽度为 0.22nm。结合 ICDD 的一氧化锰 PDF 卡片（ISPDS No.04-005-4310），确定该晶格条纹为一氧化锰的（220）晶面。由一氧化锰低倍和高倍 TEMZ 照片，得出一氧化锰具有良好的形貌和晶体结构，可用于锂离子电池的负极材料。

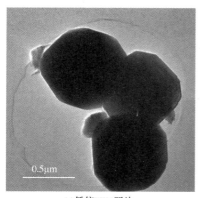

(a)低倍TEM照片

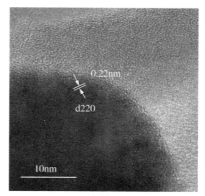

(b)高倍TEM照片

图 5-23　一氧化锰的 TEM 照片

　　在制备 1T 二硫化钼/钼酸镍纳米复合材料的过程中，需要验证二维二硫化钼和一维钼酸镍的尺寸匹配性，因此采用 TEM 对钼酸镍纳米形貌和结晶状况进行表征，结果如图 5-24 所示。图 5-24(a)所示为钼酸镍纳米线的低倍 TEM 照片。从图中可以看出，钼酸镍纳米线具有高的长径比，长度为 1~5μm，直径方向为

100~200nm，具有高的长径比，长度方向所呈现的尺度与 SEM 测试结果略有出入，可能是扫描倍数高导致纳米线的部分长度未呈现出来。图 5-24(b)所示为高倍的钼酸镍纳米线 TEM 照片。从图中可以看出，钼酸镍纳米线的结晶状况良好，直径约为 20nm。为进一步验证钼酸镍纳米线的结晶及晶型状况，对低倍的钼酸镍纳米线进行选区电子衍射，结果如图 5-24(c)所示。从图中可以看出，钼酸镍纳米线的选区电子衍射呈现斑点状，表明所制备的钼酸镍纳米线结晶良好。图 5-24(d)所示为钼酸镍纳米线的高倍 TEM 照片。从图中可以看出，钼酸镍纳米线的晶格条纹明显，测量其宽度为 0.69nm，与 ICDD 的钼酸镍的 PDF 卡片(JCPDS No.04-008-9796)进行对比，其对应钼酸镍纳米线的(001)晶面。

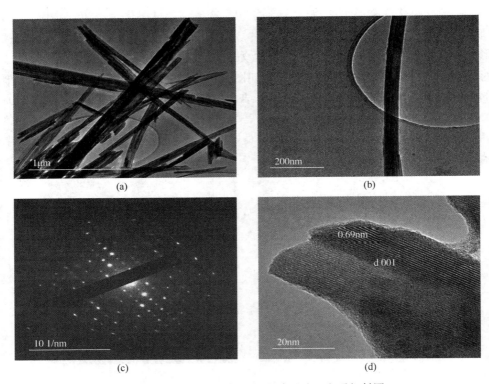

图 5-24　钼酸镍纳米线 TEM 照片及选区电子衍射图

　　为进一步表征所制备的纳米线为钼酸镍，对纳米线采用扫描透射电子显微镜测试(Scanning Transmission Electron Microscope, STEM)，如图 5-25 所示。图 5-25(a)所示为 STEM 照片。从图中可以看出，所选取的样品为典型的纳米线结构，直径约为 100nm，尺寸均一。图 5-25(b)~图 5-25(d)所示为元素分析的

mapping 图像，分别对应 Ni、Mo 和 O 3 种元素，并且 3 种元素分散均匀，结合之前的形貌为纳米线结果，得出结论所制备的材料为钼酸镍纳米线材料，是广泛用于锂离子电池的负极材料。为了辅助钼酸镍纳米线表征，在进行钼酸镍纳米线 mapping 图像时，对其元素也进行了定性分析，如图 5-26 所示。从图中可以看出，镍元素、钼元素和氧元素的峰位明显，可以定性地表征其组成为钼酸镍纳米线。

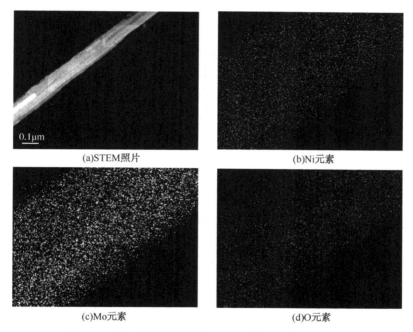

(a)STEM照片 　　　　　(b)Ni元素

(c)Mo元素 　　　　　(d)O元素

图 5-25　钼酸镍纳米线的 STEM 照片及元素分析照片

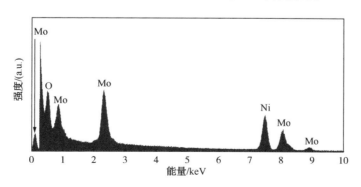

图 5-26　钼酸镍纳米线的 EDS 分析

5.3.5　X射线光电子能谱表征

XPS是表征材料组成的有效方法，本实验中，对新制备的1T相二硫化钼和钼酸镍纳米线进行表征，同时将制备的1T相二硫化钼/一氧化锰复合材料进行比较，对初始反应一氧化锰也进行 XPS 表征。图5-27所示为1T相二硫化钼的XPS全谱图。从图中可以看出，1T相二硫化钼的必备元素 Mo 3d、Mo 3p、S 2p 和 S 2s 均被探测到，表明其组成为二硫化钼。图5-28所示为1T相二硫化钼的XPS能谱图，包括 Mo 3d、S 2s 和 S 2p。图5-28(a)所示为1T相二硫化钼的 Mo 3d 能谱图。从图中可以看出 2 个明显的特征峰，分别位于 231.6eV 和 228.5eV 处，与 Mo 元素的能谱进行对比，得出这两个特征峰

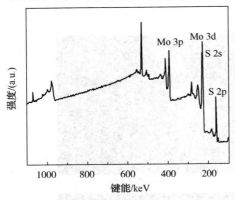

图 5-27　1T 相二硫化钼的 XPS 全谱图

分别对应 Mo 3d$_{3/2}$ 和 Mo 3d$_{5/2}$，两者的峰位均低于 2H 相二硫化钼，这是因为不同相的二硫化钼键能略有不同。同时在 225.5eV 处发现明显的特征峰，比对标准能谱图，表明该峰为 S 2s，证明所制得的样品中有硫元素的存在。同时，由于测试过程在二硫化钼表面探测到等离子体，其峰位处于 234.4eV 处。图5-28(b)所示为 1T 相二硫化钼的 S 2p 能谱图，其分为 S 2p$_{1/2}$ 和 S 2p$_{3/2}$，其特征分别位于 162.5eV 和 161.3eV 处。因此结合 Mo 3d、S 2s 和 S 2p 的能谱图，可以确定成功制备出 1T 相二硫化钼。

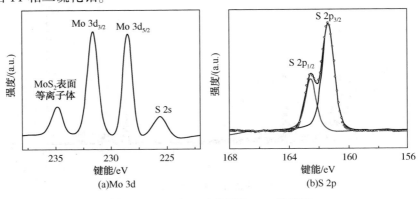

图 5-28　1T 相二硫化钼的 XPS 能谱图

图5-29所示为商业化MnO颗粒的XPS能谱图。图5-29(a)为一氧化锰的Mn 2p能谱图。从图中可以看出2个明显的特征峰,分别位于653.3eV和641.2eV处,对应Mn $2p_{1/2}$和Mn $2p_{3/2}$。图5-29(b)所示为一氧化锰的O 1s能谱图,在534.0eV处探测到明显的特征峰,其对应O 1s的图谱。综上所述,可以确定一氧化锰被成功地制备出来。

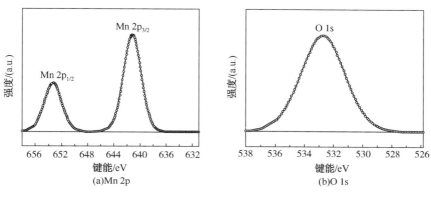

图5-29 一氧化锰的XPS能谱图

钼酸镍纳米线的XPS全谱图如图5-30(a)所示。图5-30(b)所示为钼酸镍的Ni 2p能谱图。从图中可以看出,在853.9eV和872.1eV处探测到两个明显的特征峰,分别对应Ni $2p_{3/2}$和Ni $2p_{1/2}$能谱图,而在靠近860.2eV和878.9eV处发现两个小的伴峰。图5-30(c)所示为Mo 3d的能谱图,在233.9eV和230.8eV处发现两个特征峰,与钼酸镍的能谱图进行比对,可以确定这两个特征峰为Mo $3d_{3/2}$和Mo $3d_{5/2}$。图5-30(d)所示为钼酸镍的O 1s能谱图。从图中可以发现,在528.9eV处出现O的特征峰,对应O 1s能谱图。结合以上钼酸镍的XPS数据,可以得出制备的纳米线材料为钼酸镍纳米线。

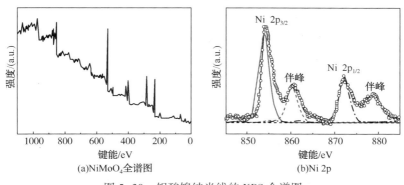

图5-30 钼酸镍纳米线的XPS全谱图

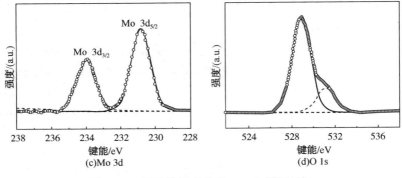

图 5-30　钼酸镍纳米线的 XPS 全谱图（续）

5.4　二硫化钼纳米片复合材料的应用

5.4.1　1T 相二硫化钼纳米片在锂离子电池中的应用

1T 相二硫化钼纳米片，其结构具有良好的导电性，并且可以储存锂离子，因此可以用于锂离子电池的负极材料。在本实验中，以 1T 相二硫化钼为活性材料、导电炭黑为导电剂、海藻酸钠为黏合剂，按照质量比 8 : 1 : 1 的组成比混合，在玛瑙研钵中充分研磨、粉碎、混合均匀，以超纯水为溶剂，制备成黏稠的浆料，将浆料轻轻刮涂在铜箔集流体上，电极厚度控制在 100μm，再将其在 70℃ 真空烘箱中干燥，制备成 1T 相二硫化钼电极。用打孔器将电极片剪成直径为 12mm 的圆片备用。

将经过剪裁的 1T 相二硫化钼电极作为正极、锂金属片为负极，聚丙烯材料为隔膜，以商用的 1mol/L 六氟磷酸锂（溶于体积比为 1 : 1 的碳酸乙烯酯和碳酸二乙酯）的混合溶剂作为电解液，在有超纯氩气的手套箱中装配成纽扣电池。并将组装好的电池经过隔夜静置，在普林斯顿电化学工作站 273A 和 VMP3 上进行电化学测试。

（1）循环伏安法测试

为验证 1T 相二硫化钼能否作为锂离子电池的电极材料，采用循环伏安法对其进行表征，结果如图 5-31 所示。从图中可以看到，在第一个循环中，阴极峰在 0.5V，这是由于转换效应，将 Li_xMoS_2 转换为 Mo 金属和 Li_2S，证实了固体电解质（SEI）膜的形成。在 0.93V 处的另一个还原峰，是因为锂插入 1T

相的 MoS_2，形成 Li_xMoS_2。在后续的阳极扫描中，观察到 1.48V 的阳极峰，这对应于 Mo 金属的氧化。另一个在 2.28V 处的阳极峰是由 Li_2S 的氧化造成的。在随后的阴极循环伏安扫描中，位于 0.93V 和 0.46V 处的峰消失。然而，在 1.94V、1.10V 和 0.24 处有三个新的峰值，表明 MoS_2 的锂化和脱锂反应是一个可逆过程。

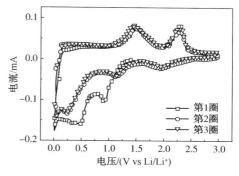

图 5-31　1T 相二硫化钼的循环伏安曲线

（2）恒流充/放电测试

对于电池而言，恒流充/放电测试是一种最常见的表征电池电化学性能的方法，根据恒流充/放电结果，可以得到电池容量、功率及寿命等参数，可以准确地表征电池性能。因此，本实验中采用恒流充/放电方法，对纯 1T 相二硫化钼电极组装的锂离子电池进行表征，结果如图 5-32 所示。图 5-32（a）所示为以 0.5C 电流密度进行充/放电测试的第 1 圈、第 2 圈和第 10 圈的电压-比容量曲线。从图中可以看出，首次充/放电容量分别为 889.1mA·h/g 和 892.5mA·h/g，而对应的库仑效率为 98.0%；在第 2 个循环中库仑效率超过 99.1%；在第 10 个循环中，充/放电容量仍然可达到 880.5mA·h/g 和 885.2mA·h/g。前 10 圈的比容量保持较高水平，并未显示出明显的衰减迹象。这说明以纯 1T 相二硫化钼为工作电极，锂片为对电极组装的半电池具有良好的电化学性能。

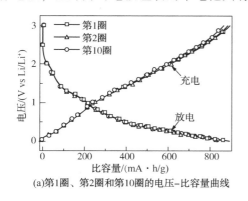

（a）第1圈、第2圈和第10圈的电压-比容量曲线

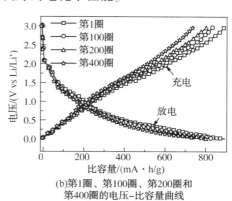

（b）第1圈、第100圈、第200圈和第400圈的电压-比容量曲线

图 5-32　1T 相二硫化钼的恒流充/放电测试

为了进一步表征纯 1T 相二硫化钼的倍率特性，采用不同的电流密度（0.5C、1C、2C、5C 和 10C）进行充/放电循环测试，结果如图 5-33 所示。从

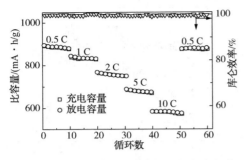

图 5-33　1T 相二硫化钼电极的倍率性能

图中可以看出，电池在 0.5C 时呈现的充/放电比容量分别为 890.5mA·h/g 和 894.2mA·h/g，而在 1C 时达到 839.7mA·h/g 和 842.2mA·h/g，在 2C 时为 760.9mA·h/g 和 764.1mA·h/g，在 5C 时为 680.3mA·h/g 和 685.2mA·h/g，最终在 10C 时仍然保持 586.3mA·h/g 和 588.7mA·h/g 的可逆比容量，最后在下一个 0.5C 充/放电循环时，可逆充/放电比容量达到 875.8mA·h/g 和 882.0mA·h/g。结果表明 1T 相 MoS_2 单晶作为锂离子电池电极，具有优良的倍率性能。

为了表征 1T 相二硫化钼作为电极的锂离子电池的循环寿命，采用 0.5C 电流密度进行充/放电循环测试，以低于初始容量的 80% 为测试结束，如图 5-34 所示。电池的充电比容量从首次的 889.1mA·h/g 降低到 100 圈之后的 835.6mA·h/g，而放电比容量从首次的 892.5mA·h/g 降低到 100 圈之后的 839.1mA·h/g，在第 200 次循环中，充电和放电比容量仍保持在 797.5mA·h/g 和 798.8mA·h/g。即使在第 400 次循环中，充电和放电容量也为 737.2mA·h/g 和 738.0mA·h/g，容量保持率为 82.9%。

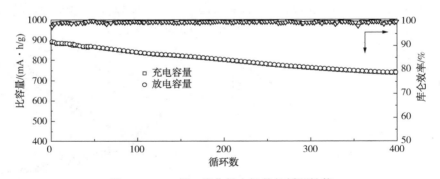

图 5-34　1T 相二硫化钼电极的长循环性能

为进一步证明 1T 相 MoS_2 电极的优异循环性能，采用 2H 相代替前述制备工艺中的 1T 相二硫化钼，其他材料不变，组装成锂离子电池，测试长循环性能并与 1T 相二硫化钼电极制备的锂离子电池进行比较，结果如图 5-35 所示。从图中可以看出，经过 100 次循环后，其充/放电比容量达到 635.6mA·h/g 和 637.8mA·h/g，低于 1T 相 MoS_2 电极的循环性能。

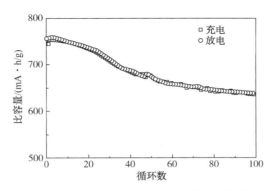

图 5-35　2H 相二硫化钼电极的长循环性能

5.4.2　1T 相二硫化钼/一氧化锰在锂离子电池中的应用

一氧化锰是一种良好的锂离子电池的负极材料，但其导电性差，不利于其比容量的发挥，因此采用 1T 相二硫化钼对其进行容量提升。以 1T 相二硫化钼/一氧化锰纳米复合材料为活性材料、海藻酸钠为黏合剂、导电炭黑为导电剂，按照质量比为 8∶1∶1 的组成配方制备成复合电极。以此复合电极为正极，锂金属为负极，组装成半电池，组装工艺与纯 1T 相二硫化钼装配锂离子电池工艺相同。将此电池用电化学工作站测试循环伏安性能和恒流充/放电，以表征电池的电化学性能。

图 5-36 所示为 1T 相二硫化钼/一氧化锰复合电极的循环伏安曲线，电极在 0.01 ~ 3.0V 的电压区间内循环，扫描速率为 0.1mV/s。从曲线中可以看出，在 1.3V 和 0.4V 分别出现了一组电极的氧化峰和还原峰，0.4V 的还原峰主要对应一氧化锰还原成金属锰的反应和 1T 相二硫化钼转换成钼金属的反应，反应方程式如式（5-1）和式（5-2）所示。同时在此过程中也存在固态电解质界面膜(Solid Electrolyte Interfaces，SEI)的生成。对于氧化过程而言，在 1.3V 出现一个范围较宽的氧化峰，则对应金属锰氧化成一氧化锰的过程，反应方程式如式（5-3）所示，同时也

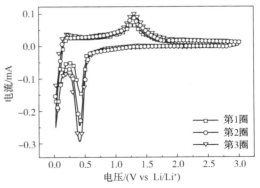

图 5-36　1T 相二硫化钼/一氧化锰
复合电极的循环伏安曲线

伴随着氧化锂分解。而金属钼氧化为二硫化钼的过程，则在 1.5V 出现一个氧化峰，反应方程式如式（5-4）所示。值得注意的是，在 1.94V 和 2.25V 有 2 个比较弱的还原峰和氧化峰，分别对应硫的还原过程和锂离子从硫化锂中脱出的过程，这一氧化还原峰证明了 1T 相二硫化钼参与了电化学反应，帮助理解 1T 相二硫化钼/一氧化锰复合电极的电化学反应过程。

$$MnO+2Li+2e^- \rule[0.5ex]{2em}{0.4pt} Li_2O+Mn \tag{5-1}$$

$$MoS_2+2Li^++2e^- \rule[0.5ex]{2em}{0.4pt} Li_2S+Mo \tag{5-2}$$

$$Mn+Li_2O \rule[0.5ex]{2em}{0.4pt} MnO+2Li^++2e^- \tag{5-3}$$

$$Mo+Li_2S \rule[0.5ex]{2em}{0.4pt} MoS_2+2Li^++2e^- \tag{5-4}$$

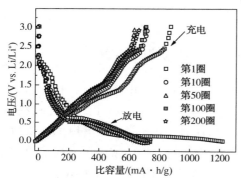

图 5-37　1T 相二硫化钼/
一氧化锰的恒流充/放电测试

作为锂离子电池的重要测试，恒流充/放电测试是必需的环节。图 5-37 所示为 1T 相二硫化钼/一氧化锰复合电极的比容量-电压曲线。从图中可以看出，1T 相二硫化钼/一氧化锰复合电极制备的锂离子电池的初始放电比容量为 1223.2mA·h/g，充电比容量为 862.5mA·h/g，初始库仑效率为 70.5%，这是因为首次充/放电过程，存在锂离子嵌入二硫化钼层间的插层过程，放出更多的电量。第 10 圈的充/放电比容量分别为 714.3mA·h/g 和 718.5mA·h/g，库仑效率高达 99.4%，这是因为经过 10 圈的充/放电循环后，充电和放电过程已经接近完全可逆的阶段，因此库仑效率接近 100%。而在第 50 圈，充/放电比容量并没有明显衰减，充/放电比容量分别为 708.3mA·h/g 和 710.6mA·h/g，库仑效率为 99.6%。直到第 200 圈，充/放电比容量仍然保持在 653.4mA·h/g 和 658.3mA·h/g，库仑效率高达 99.3%。结果表明，1T 相二硫化钼提供了复合电极的导电网络和支撑材料，改善一氧化锰的导电性，从而提高了电池的循环稳定性。

为了表征 1T 相二硫化钼对一氧化锰倍率性能的提升作用，采用不同电流密度对电池进行充/放电测试，结果如图 5-38 所示。从图中可以看出，在初始 0.5C 倍率下充/放电，充/放电比容量不稳定，在 666.3～1224.1mA·h/g 变化，而在接下来的 1C、2C、5C 和 10C 倍率下，放电比容量基本保持稳定，分别维持在 556.2mA·h/g、448.4mA·h/g、349.3mA·h/g 和 243.8mA·h/g。而在随后的 0.5C 倍率下，放电比容量又重新恢复到 627.3mA · h/g，略低于初始 0.5C 倍率下的放电比容量。而充电比容量也有类似的规律，即在 0.5C 下呈不稳定的下降趋势，在 649.0~868.4mA · h/g 变化，而在 1C、2C、5C 和 10C 倍率下，充电比容量仍然在 552.5mA · h/g、446.6mA · h/g、347.5mA · h/g 和 241.2mA · h/g，在随后的 0.5C 倍率下，充电比容量又恢复到 625.4mA · h/g。结果表明，1T 相二硫化钼/一氧化锰复合电极具有良好的倍率性能。

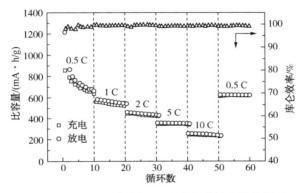

图 5-38 1T 相二硫化钼/一氧化锰的倍率性能测试

1T 相二硫化钼具有优异的导电性，可以显著提升一氧化锰电极材料的性能，从而增强循环稳定性。图 5-39 所示为 1T 相二硫化钼/一氧化锰电极的充/放电比容量、库仑效率与循环周期之间的关系图，展示其在特定电流密度下充/放电的循环稳定性。从图中可以看出，1T MoS$_2$/MnO 纳米复合电极在 0.5C 倍率下充/放电，可达到 2000 个周期，而第一次充电和放电容量分别为 719.0mA · h/g 和 729.8mA · h/g，库仑效率为 98.5%，在第二次循环中已经增加到 99% 以上。经

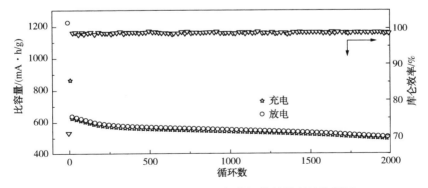

图 5-39 1T 相二硫化钼/一氧化锰的长循环性能测试

过 200 次循环后，放电和充电容量分别为 662.8mA·h/g 和 668.7mA·h/g，库仑效率增加到 99.5%。甚至在第 2000 个循环周期，可逆充电和放电比容量也分别保持稳定在 584.8mA·h/g 和 589.6mA·h/g。这种增强的循环性是由 Mo—O 键合和独特的电极结构引起的，其中 1T MoS₂ 既可作为导电网络，又可作为 MnO 纳米颗粒的载体材料，提升了电化学循环稳定性。

为了研究 1T MoS₂/MnO 超长的循环寿命，采用不同扫描速率的循环伏安曲线来表征电极的动力学性能，结果如图 5-40 所示。根据功率定律，在循环伏安法测试中，测试电流和扫描速率之间存在如下的关系：

$$i = av^b$$

式中，i 为测试电流；v 为扫描速率；a 为常数；b 在 $0.5 \sim 1$ 变化，b 为 0.5 表示电流完全由半无限线性扩散控制（扩散控制），而 b 值为 1 表示电流是表面控制的（电容过程）。

基于此，可以评估 1T 相二硫化钼/一氧化锰的动力学性能。图 5-40(a) 所示为不同扫描速率下的循环伏安曲线。从图中可以看出，随着扫描速率增大，阳极

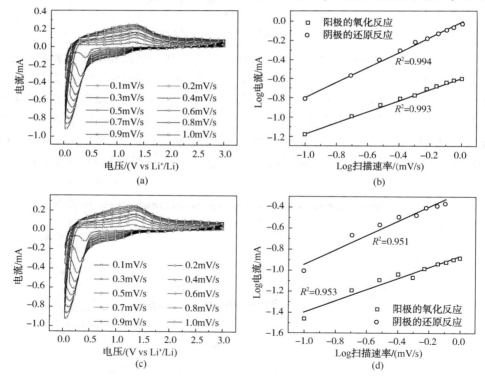

图 5-40　1T 相二硫化钼/一氧化锰电极的动力学表征

的氧化峰和阴极的还原峰增大。图 5-40(b)所示为峰值电流对数和扫描速率对数之间的关系，在 1T 相二硫化钼/一氧化锰复合电极中，阳极和阴极反应的 b 值分别为 0.60 和 0.63，表明其电极反应动力学主要受扩散控制。经过拟合，阳极的氧化反应和阴极的还原反应，线性趋势良好，R^2 均大于 0.99。为了研究 1T 相二硫化钼对一氧化锰的离子扩散和电子转移作用，本实验研究了纯一氧化锰电极的电极动力学性能，结果如图 5-40(c)所示。从图中看出，随着扫描速率增大，一氧化锰电极电流峰值也呈增大趋势，这一点与 1T 相二硫化钼/一氧化锰复合电极类似。图 5-40(d)所示为一氧化锰电极峰值电流对数和扫描速率对数之间的关系，阳极的氧化反应和阴极的还原反应的 b 值分别为 0.52 和 0.56，表明 1T 相二硫化钼/一氧化锰复合电极对容量的电容贡献更大。经过拟合发现，一氧化锰电极的线性趋势较好，R_2 分别为 0.951 和 0.953，小于复合电极的 0.994 和 0.993，表明复合电极有更好的电化学可逆性，因此复合电极的循环稳定性更强。

电化学阻抗是表征电池性能的另一个有效手段，电化学阻抗谱(EIS)用于评估 1T MoS_2/MnO 电极和原始 MnO 电极的电化学性能。在 EIS 测试之前，将电池放电至 0.01V 并静置 2h 以稳定电位。图 5-41 所示为第 50 次循环和第 100 次循环后 1T MoS_2/MnO 电极和原始 MnO 电极的 EIS 曲线。在高频和中频区域观察到两个半圆和一条斜线，表明在中高频主要是电荷转移阻抗，在低频区域主要是物质转移阻抗。电荷转移电阻由两个半圆的直径决定。实验曲线由等效电路拟合如图 5-42 所示。这里采用 R_e 来评估电解质电阻，并引入 R_s 和 R_{ct} 来量化表面膜电阻和电荷转移电阻。1T MoS_2/MnO 电极中的 R_e 值从 50 个循环后的 94.6Ω 下降到 100 个循环后的 51.8Ω，R_s 从 364.8Ω 下降到 357.1Ω。然而，R_{ct} 值从 497.6Ω 增加到 504.3Ω，具体数据如表 5-1 所示。然而，原始 MnO 电极中的 R_e 值从 50 个循环后的 187.3Ω 下降到 100 个循环后的 141.5Ω。然而，R_s 从 331.8Ω 下降到 312.4Ω，R_{ct} 从 2210Ω 下降到 1179Ω，如表 5-2 所示。如图 5-41 和图 5-42 所示，第 50 次循环和第 100 次循环后的奈奎斯特图中的 2 条曲线显示出相似的形状和相似的电荷转移电阻，表明电极在循环期间是稳定的。

表 5-1　基于图 5-41 的阻抗图的拟合数据　　　　　　　　　　　Ω

	R_e	R_s	R_{ct}
第 50 圈后	94.6	364.8	497.6
第 100 圈后	51.8	357.1	504.3

表 5-2　基于图 5-42 的阻抗图的拟合数据　　　　　　　Ω

	R_e	R_s	R_{ct}
第 50 圈后	187.3	331.8	2210
第 100 圈后	141.5	312.4	1179

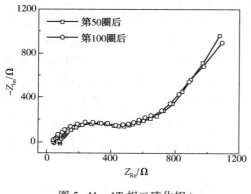

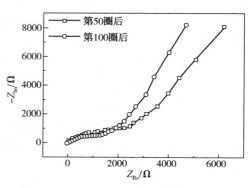

图 5-41　1T 相二硫化钼/
一氧化锰的 EIS 曲线

图 5-42　一氧化锰电极的 EIS 曲线

5.4.3　1T 相二硫化钼/钼酸镍纳米线在锂离子电池中的应用

钼酸镍纳米线是一种高导电率的纳米材料，具有优良的电化学性能，被广泛用于锂离子电池，1T 相二硫化钼也是具有极佳电化学性能的二维材料。因此，如何协同两者的优异性质是亟待解决的问题。通过合适的制备工艺将一维钼酸镍纳米线和二维 1T 相二硫化钼进行复合，使一维纳米线和二维纳米片相互交错，减小接触电阻，获得良好的电化学性能和稳定性。

为了探究介观结构对电化学性能的影响，本实验评估了 1T 相二硫化钼/钼酸镍复合电极的动力学性能，其前 5 圈的循环伏安曲线如图 5-43 所示。从图中可以看出，1.3V 的还原峰对应形成 Li_xMoS_2 的过程，表明锂离子嵌入二硫化钼层间，此过程的对应反应如式(5-5)所示。而另一个还原峰在 0.43V 左右，

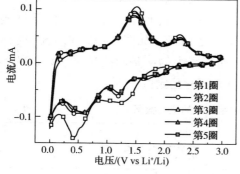

图 5-43　1T 相二硫化钼/
一氧化锰复合电极的循环伏安曲线

表明 Li_xMoS_2 的转化过程形成钼金属和硫化锂，并且在此过程中伴随着固体电解质界面（SEI）的形成，如式（5-6）所示。同时，在 1.5V 和 2.3V 观察到显著的氧化峰，这与循环过程中的平台电压一致。2.3V 下的氧化峰是从钼金属到二硫化钼的氧化反应，如式（5-7）所示。而在 1.5V 处的氧化峰归因于镍和钼被氧化形成钼酸镍的过程，如式（5-8）和式（5-9）所示。在后续的循环中，1.0V 和 0.4V 两个还原峰消失，并被 2.0V、1.2V 和 0.64V 的三个新峰所取代。0.64V 和 2.0V 的峰值对应钼酸镍单晶纳米线的还原过程，反应过程如式（5-10）所示。1.18V 的峰为二硫化钼的还原峰。对于阳极上的氧化反应，1.5V 和 2.3V 的氧化峰分别对应二硫化钼和钼酸镍的形成反应，这与第一圈循环的反应相同。一般来说，2.3V、1.18V 下的还原峰对应锂充/放电过程，对 1T 相二硫化钼的充/放电容量有贡献。1.5V 下的氧化峰和 0.64V 下的还原峰对应锂充/放电过程，这有助于提高钼酸镍单晶纳米线的充/放电容量。

$$x\text{Li}+\text{MoS}_2 =\!=\!=\!= \text{Li}_x\text{MoS}_2 \qquad (5-5)$$

$$\text{MoS}_2+4\text{Li}^++4e^- =\!=\!=\!= \text{Mo}+\text{Li}_2\text{S} \qquad (5-6)$$

$$\text{Mo}+\text{Li}_2\text{S} =\!=\!=\!= \text{MoS}_2+4\text{Li}^++4e^- \qquad (5-7)$$

$$\text{Ni}+\text{Li}_2\text{O} =\!=\!=\!= \text{NiO}+2\text{Li}^++2e^- \qquad (5-8)$$

$$\text{Mo}+3\text{Li}_2\text{O} =\!=\!=\!= \text{MoO}_3+6\text{Li}^++6e^- \qquad (5-9)$$

$$\text{NiO}+\text{MoO}_3+8\text{Li}^++8e^- =\!=\!=\!= \text{Ni}+\text{Mo}+4\text{Li}_2\text{O} \qquad (5-10)$$

采用恒流充/放电测试，对电池的电化学性能进行进一步表征，图 5-44 和图 5-45 所示为 1T 相二硫化钼/钼酸镍纳米线复合电极的电压-比容量曲线，分别为 1~350 圈和 350~750 圈的循环性能。从循环 1 次到 350 次的充/放电容量与循环次数的关系如图 5-44 所示。可知：充电比容量从 626.6mA·h/g 缓慢增加 940.1mA·h/g（第 350 次循环数据），放电容量从 672.8mA·h/g 增大到 941.6mA·h/g（第 350 次循环数据）。这种现象通常归因于循环过程中的活化过程，该过程增强了表面/界面反应动力学，增加了膨胀的中间层，提高了离子和锂迁移率。表面/界面反应动力学趋于稳定，锂离子迁移率最大，从而产生最大的比充放电容量。350 次循环后，其电压-比容量曲线如图 5-45 所示，复合电极的表面/界面动力学及离子和锂迁移率开始逐渐降低，导致充电和放电容量缓慢下降。此外，这些曲线在循环过程中并未出现明显的平台。这种现象背后的原因是 1T 相二硫化钼/钼酸镍纳米线复合电极中的多次氧化还原过程。在第 750 次循环时，充电容量为 789.3mA·h/g，放电容量为 791.8mA·h/g。

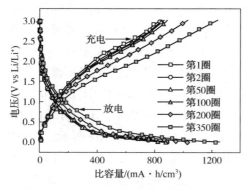 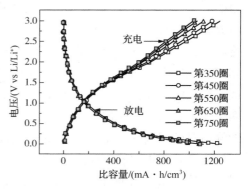

图 5-44　1T 二硫化钼/钼酸镍纳米线　　　　图 5-45　1T 二硫化钼/钼酸镍纳米线
复合电极的 1~350 圈电压-比容量曲线　　　复合电极的 350~750 圈电压-比容量曲线

为进一步验证 1T 相二硫化钼/钼酸镍纳米线复合电极的倍率性能，对电池在 0.5C 电流密度下充/放电 200 圈之后进行倍率性能测试。采用 0.1~10C 不同的电流密度对复合电极进行充/放电测试，如图 5-46 所示。从图中可以发现，复合电极的放电容量从 0.1C 电流密度下的 979.1mA·h/g 降低至 10C 电流密度下的 467.6mA·h/g，在 0.5C 电流密度下，放电容量又恢复到 761.8mA·h/g。在整个过程中，在 0.5C、1C、2C、5C 分别有 812.0mA·h/g、708.3mA·h/g、662.3mA·h/g、573.2mA·h/g 的容量表现。

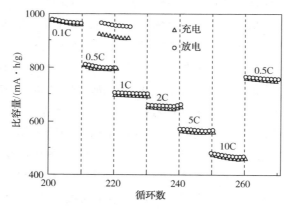

图 5-46　1T 相二硫化钼/钼酸镍纳米线复合电极的倍率性能

而充电比容量也有相似的变化规律，从 0.1C 电流密度下的 977.2mA·h/g 降低到 10C 电流密度下的 465.8mA·h/g，在之后的 0.5C 电流密度下充电容量又恢复到 757.9mA·h/g。在整个过程中，在 0.5C、1C、2C、5C 分别有

807.4mA·h/g、699.5mA·h/g、654.5mA·h/g、568.6mA·h/g 的充电容量表现。在不同电流密度下循环过程中的电压–比容量曲线，如图 5-47 所示。

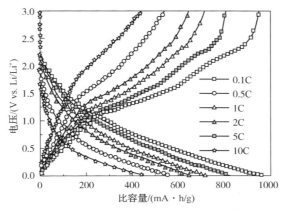

图 5-47　1T 相二硫化钼/钼酸镍纳米线复合电极在不同电流密度下的电压–比容量曲线

在 0.5C 充/放电电流密度下，对 1T 相二硫化钼/钼酸镍纳米线复合电极组装的锂离子电池进行充/放电测试，结果如图 5-48 所示。从图中可以看出，电池容量在 1~350 圈的容量呈上升趋势，在 350~750 圈，电池为正常的容量衰减过程。这是因为由两种材料复合而成的复合电极均可提供电池容量，而不同材料的活化存在不同步性，在第 350 圈，两者的活性完全释放，容量达到最大值。在此后的过程中，由于电池电极的反应性、热稳定性等均处于下降趋势，表现为显著的容量衰减。而整个过程中，电化学过程中的离子传输和扩散效率导致库仑效率超过99.5%，表明副反应和电荷可以忽略不计。

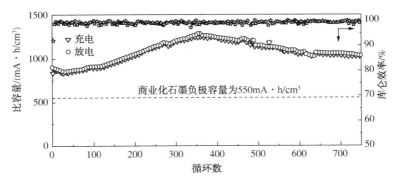

图 5-48　1T 相二硫化钼/钼酸镍纳米线复合电极的长循环曲线

为了进一步研究高性能 1T 相二硫化钼/钼酸镍纳米线复合电极的动力学和机理，在不同扫描速率(0.1~0.6mV/s)下绘制循环伏安曲线，如图 5-49 所示。循环伏安曲线中，测量电流(i)和扫描速率(ν)之间的关系表达式如前节所述。通过拟合峰值电流对数与扫描速率对数的曲线斜率，可以获得 b 值。对于 $0.1 \sim 0.6$mV/s 的扫描速率，阳极峰和阴极峰的 b 值分别为 0.55 和 0.74。这结果表明，1T 相二硫化钼/钼酸镍纳米线复合电极的动力学更接近扩散控制反应，同时表面和扩散控制反应之间也存在相互作用。

为了研究复合电极的可逆性，进一步解释其良好电化学性能的原因。将得到的不同扫描速率下的电流峰值对数与扫描速率对数作图，结果如图 5-50 所示。从图中可以看出，阳极上的氧化反应和阴极上的还原反应，呈线性趋势，且线性良好，其 $R^2 > 0.99$，这表明电池的电极具有良好的可逆性，这也解释了 1T 相二硫化钼/钼酸镍纳米线具有良好的循环稳定性。

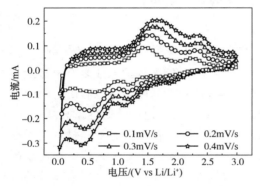

图 5-49　1T 相二硫化钼/钼酸镍纳米线复合电极在不同扫描速率的循环伏安曲线

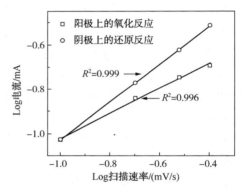

图 5-50　1T 相二硫化钼/钼酸镍纳米线复合电极的动力学表征

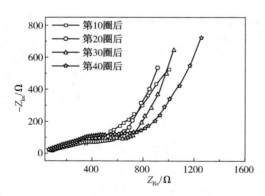

图 5-51　1T 相二硫化钼/钼酸镍纳米线复合电极的电化学阻抗谱

为了表征电极在循环过程中 SEI 的演变过程，在第 10、第 20、第 30 和第 40 个循环后，测试电极的电化学阻抗性能。在阻抗测试前，组装一个带有 1T 相二硫化钼/钼酸镍纳米线复合电极为工作电极，和锂金属片做参比电极和对电极的接头套管电池。将电池充电至 3V，并静置 2h 以稳定电位。图 5-51 所示为不同循环的四个 EIS 的图谱，在中高频出现一个半圆，而在低频区出现一条斜线。低频区的斜线斜率与物质的扩散有关，包括活性材料 1T 相二硫化钼和钼酸镍纳米线的物质转移。而中高频的半圆半径与界面现象有关，此过程是电荷的转移过程，包括活性材料 1T 相二硫化钼和钼酸镍纳米线与电解质之间的电荷转移和 SEI 膜的生长。通过等效电路拟合，得到 R_e 的数据，用于评估整个溶液中的电阻，R_{ct1} 和 R_{ct2} 分别用于评估电荷转移电阻，拟合结果见表 5-3。在循环过程中，R_e 和 R_{ct2} 值保持在 12.20Ω 和 1205Ω 左右，R_{ct1} 从 971.1Ω 逐渐增加到 1772Ω，表明氧化还原物种的电荷转移反应很容易。

表 5-3　基于图 5-51 的拟合数据　　　　　　　　　　　　Ω

	R_e	R_{ct1}	R_{ct2}
第 10 圈后	12.46	971.1	1206
第 20 圈后	12.34	1389	1040
第 30 圈后	12.24	1692	912.3
第 40 圈后	12.20	1772	1205

5.5　本章小结

本章以氢氧化锂和硫代钼酸铵为前驱体，通过高温煅烧二硫化钼，并精准控制温度，可得到不同相的二硫化钼。研究表明：在大于 1000℃ 的高温条件下，可制备出 1T 相二硫化钼。并以此二硫化钼作为良好的导电性和活性，与一氧化锰复合提高其导电性，从而提高一氧化锰电极的循环稳定。以 1T 相二硫化钼为支撑骨架，与一维钼酸镍纳米线复合，制备成一维/二维的复合导电网络，提高钼酸镍的电化学性。主要结论如下：

（1）对于 1T 相二硫化钼的制备，计算 4mmol LiOH·H_2O 对应的质量，精确称量置于 25mL 烧杯中，并在烧杯中加入 5mL 超纯水（电阻为 18.2MΩ/cm），充分搅拌使其完全溶解。随后精确计算 2mmol 四硫代钼酸铵对应的质量并精确称量，快速加入氢氧化锂水溶液中，利用振荡器充分振荡，使四硫代钼酸铵完全溶解。此过程有刺激性气味，因此需在通风橱中完成。利用 XRD 表征 1T 相二硫化钼的组成，可以看出，最强的衍射峰出现在 14.4°，通过布拉格方程计算出此晶面间距为 $d=6.15$Å，对应 1T 相二硫化钼的（002）晶面。而在 $2\theta=7.5°$ 处，检测到较弱的衍射峰，对应 1T 相二硫化钼的（001）晶面，这与 ICDD 的 PDF 卡片（JCPDS No. 04-017-0898）信息对应一致。采用拉曼表征发现，在 283cm^{-1}、

378cm^{-1}和404cm^{-1}处出现3个特征峰，分别对应1T相二硫化钼的面内振动 E_{1g} 模式、面内振动 E_{2g}^1 模式和面外振动 A_{1g} 模式。除此之外，在148cm^{-1}、196cm^{-1} 和 336cm^{-1}处也探测到拉曼特征峰，分别对应 J_1、J_2 和 J_3 振动模式。因此，从拉曼光谱可以看出，成功制备出1T相二硫化钼。从SEM表征发现，1T相二硫化钼呈片状结构，长度为5~10μm，厚度方向为500nm~1μm。从TEM表征发现，1T相二硫化钼呈多层状分布，层数基本均一。且1T相二硫化钼的选区电子衍射结果为斑点状，分布均匀，由晶体学的基本知识可知，斑点状的衍射结果表明所制备的1T相二硫化钼为单晶结构，并且晶型良好。

（2）对于1T相二硫化钼复合材料的制备，高导电率的1T相二硫化钼和一氧化锰反应，通过干法机械球磨制备而来。将制备好的1T相二硫化钼和一氧化锰按照摩尔比为1:9的比例置于聚乙烯球磨罐中，并加入一个直径为9.5mm和两个直径为3.2mm的小球作为球磨球，小球由丙烯酸甲酯制成，以防止铁系球磨体系带来的交叉污染。将球磨罐置于氩气保护的手套箱中，使球磨反应在无水无氧的环境中进行。在1725r/min转速下不间断球磨10h，使1T相二硫化钼和一氧化锰充分反应，一氧化锰颗粒被锚定在1T相二硫化钼纳米片的片层边缘。结果表明：1T相二硫化钼的超强导电性，提高了1T相二硫化钼/一氧化锰复合电极的导电性，提高了离子传输性能，并最终提高了一氧化锰的循环稳定性，可以在0.5C电流密度下循环超过2000圈。

（3）1T相二硫化钼的另一个典型应用是制备一维/二维复合电极体系，首先需要制备钼酸镍纳米线。在50mL烧杯中，将0.80g氯化镍溶于30mL超纯水中，在室温下搅拌2h使钼酸镍完全溶解。在另一个50mL烧杯中，将1.0g钼酸镍加入30mL超纯水中，室温搅拌2h使其完全溶解。待两者完全溶解后，将两溶液混合加入100mL烧杯中，并加入0.5mL盐酸。随后，将前驱体溶液转入带有聚四氟乙烯内衬的反应釜钢瓶中。再将反应釜放入120℃烘箱中保温12h，在长时间的高温环境中，反应生成的钼酸镍定向生长为长而细的纳米线材料。待反应完全后，取出反应釜，将所制备的纳米线溶液用超纯水、乙醇溶液在离心机中清洗3次，留出备用。

在制备1T相二硫化钼/钼酸镍纳米线复合材料和电极的过程中，采用喷涂和刮涂的方法，制备一维/二维材料互穿网络结构电极。结果表明：所制备的1T相二硫化钼/钼酸镍纳米线复合电极具有良好的电化学性能，在0.5C电流密度下，有超过750圈的循环稳定性。并且，复合电极具有高度可逆的电化学过程。

6 二硫化锡纳米复合材料的制备及应用

6.1 引言

锡的过渡金属硫化物，如硫化锡（SnS_2），是一种典型的由极强的层内饱和共价键和较弱的层间分子间作用力结合的一类Ⅳ～Ⅵ族的二维层状半导体材料。作为电化学储能材料，二硫化锡具有较高的理论容量，广泛用于锂离子电池、钠离子电池、太阳能电池等领域。同时，二硫化钼具有低的热导率和低带隙值（2eV），可以作为热电材料、电子器件和光电子器件的潜在材料。

和大多数的层状过渡金属二硫属化合物一样，二硫化锡也可通过外来离子的插入反应，如铜离子、锂离子、钠离子等，制备二硫化锡基纳米复合材料，改变二硫化锡的原有晶体结构。同时，外来离子的插入，可以诱导主体材料的结构和组成发生紊乱，如层间距变化、相变等反应，显著改变二硫化锡的性质。对插层反应而言，通过电化学方法，控制反应过程中电压，可以控制插入的外来离子数量，是一种可控的改变材料组成和紊乱程度的方法。

近年来，锂离子电池的快速普及催生大量的电极材料的开发，而锂离子电池的致命短板是锂资源短缺，也导致锂离子电池成本高昂。因此，目前在工程应用和科学研究领域，迫切需要开发低成本和高效储能系统。鉴于此，锡基化合物及其纳米复合材料和钠离子电池备受瞩目。目前基于钠离子电池的高容量锡基负极材料迎来了新的发展契机，主要包括锡（Sn）合金、Sn 氧化物、Sn 硫化物、Sn 硒化物、Sn 磷化物及其复合材料。因此，阐明 Sn 基材料与钠的反应机理，强化锡基材料的多相和多尺度结构优化，以实现良好的钠储存性能，是重大的科学问题。从商业化角度来讲，使用基于锡基材料作为负极材料的全电池的设计和开发，可以为未来高性能锡基负极材料制备和高能量密度、长循环寿命的钠离子电池提供强有力的保障。

6.2 二硫化锡薄膜纳米复合材料的制备

二硫化锡作为典型的二维材料，其制备方法与常见的过渡金属二硫属化合物类似，主要包括化学气相沉积法、水热法、液相剥离法等。在本实验中，一方面，通过制备特定厚度的二硫化锡材料，以其为宿主材料，在其层间插入外来离子，从而改变材料的组成和性能，用于不同场景下的调控材料，如通过外来离子的变换，改变层间距，最终得到热导率可调的材料。另一方面，通过制备二硫化钼纳米颗粒，利用其层间插入离子的特性，作为锂离子电池的负极材料，获得良好的电化学性能。

6.2.1 二硫化锡薄膜的制备

（1）金属锡薄膜的制备

在本实验中，通过化学气相沉积法制备二硫化锡薄膜，选择的衬底为商用的单面抛光硅片。第一步是硅片清洗。在自制的 piranha 溶液（注意：piranha 具有极强的腐蚀性和潜在的爆炸性，需要谨慎使用）中剧烈清洗 30min，以去除硅片表面可能残留的有机物和其他固体颗粒杂质等。然后用去离子水清洗 3 遍以上，为了提高制备效率，去离子水清洗过的硅片可以用空气枪或者氩气枪迅速吹干，备用。第二步是金属锡的沉积过程。由于锡的熔点低，本步骤采用离子磨蒸发法沉积金属锡，将硅片置于离子磨蒸发器腔内，用双面胶带固定使抛光面朝向锡金属方向，设定沉积工艺参数，精准制得 100nm 厚度的金属锡薄膜，待沉积过程结束后，轻轻取出样品，放于样品盒中备用。该步骤的制备过程，主要是获取特定厚度的锡金属作为锡源，为化学气相沉积法做好准备。本实验所用到的离子磨蒸发器如图 6-1 所示。

（2）二硫化锡薄膜的制备

通过离子磨蒸发法制得 100nm 厚的金属锡薄膜样品后，需要将锡金属硫化得到二硫化锡薄

图 6-1　离子磨蒸发器实物照片

膜，该过程主要采用化学气相沉积法完成。将样品放入石英管的中心位置，石英管水平放置在单区的管式炉中，该区域温度控制在300℃。在石英管一端加入过量的硫粉，作为硫源对金属锡进行硫化，该区域温度为200℃。在管式炉的一端通入氩气，作为载流气体，使得气化的硫可以流到金属锡表明完成反应。需要注意的是，在反应过程中，气流不宜过快，保证在60cm/min。如果气流过快，硫蒸气通过金属锡表面的速度极快，使得硫与锡来不及反应，最终造成的结果是反应不充分，可能造成锡金属表面已经硫化为二硫化锡，而底部依然是金属锡的情况出现。如果流速过慢，会造成硫蒸气流动的动力不足，进而造成硫蒸气在温度较低的区域发生固态沉积，重新变为硫单质，最终的结果是与金属锡反应的硫单质的量不足，最终影响所制得样品的纯度。同时，为了保证所制得的样品质量，在开始升温前，必须保证石英管中为惰性气体环境。因此可以先在石英管中通入20min氩气，以排除管内的空气，保证管内的惰性环境。然后，通过设定参数，将管式炉的温度设定为300℃，升温速率为5℃/min。当温度达到设定温度后，保温60min，使得硫粉和金属锡可以完全反应制得二硫化锡薄膜。反应完成后，采用自然冷却的方法降温，最终取出样品，放入样品盒备用。

（3）二硫化锡电极的制备

采用电化学法对二硫化锡等层状材料进行插层反应，是一种最典型的制备方法。插入的外来离子有锂离子、钠离子、铜离子等。因此，二硫化锡可以用作锂离子电池、钠离子电池的电极材料。同时也可以在其层间插入大的有机阳离子，如正己胺盐阳离子等。事实上，外来离子的插入可以改变二硫化锡原有的晶体结构，层间距变化，从而改变其物理、化学性质。但电化学插层法最重要的步骤是，样品必须是可以用于电化学反应的电极状态，而本实验制备的二硫化锡薄膜无法直接用作电极，因此需要对其进行电极制备。

二硫化锡电极的制备，主要采用电子束蒸发法，在二硫化锡薄膜边缘沉积金薄膜，以此作为电极的电接触边缘，可以加载在电极夹上。首先，用聚酰亚胺双面胶带硅片上的二硫化锡薄膜粘贴在电子束蒸发仪腔内，将带有二硫化锡的一侧朝着电子束蒸发仪的金属源方向，再用单面胶带遮挡二硫化锡区域，只露出边缘部分，在裸露部分沉积金薄膜，作为导电层。在沉积前，通过调整电子束蒸发仪上的参数，先沉积3nm厚的镉金属作为种子层，随后在种子层上沉积100nm厚的金薄膜，沉积过程结束后，取出样品，置于样品盒备用。至此，二硫化锡薄膜电极制备完成。电极制备过程如图6-2所示。

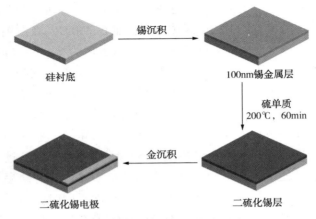

图 6-2　二硫化锡电极制备示意

6.2.2　三维二硫化锡电极的制备

目前，锂离子电池以其较高的理论容量（3680mA·h/g）在当前的能量存储系统中占据主导地位，并且满足了便携式设备和大规模储能设备不断增加的性能需求。然而，由于其高昂的成本和不均匀的自然界分布限制了锂离子电池的应用，而钠离子电池因其成本低、资源丰富而备受关注。同时，钠离子电池由于电化学机制与锂离子电池类似，可作为锂离子电池的理想替代品来解决锂离子电池成本高、分布不均等问题。在钠离子电池中，倍率容量和能量密度是急需解决的问题。然而，钠离子半径大于锂离子半径，电化学反应动力学差，限制了部分材料在钠离子电池中的应用。

但是，自从石墨烯被发现以来，由此衍生出的二维层状过渡金属硫化物纳米材料受到了人们的关注，并被用于储能-能量转换和催化领域。二维材料由于表面原子的完全暴露，原子层级的薄二维纳米片可以提供更大的比表面积，更活跃的位置和更快的离子扩散速率，具有此类结构的如层状的二硫化锡（SnS₂）。二硫化锡被认为是极具前景的二维层状金属硫化物，其锡原子由 6 个硫配位，对于单层的和体相的二硫化锡均表现出间接带隙（2.0~2.6eV）。并且二硫化锡作为钠离子电池负极材料，其比容量可达到 1136mA·h/g。但二硫化锡也不可避免地会遇到容量衰减、体积膨胀及电子导电性下降等问题。因此，单一的二硫化锡做电极无法满足高电化学性能的电流要求。到目前为止，针对钠离子电池性能提升，已经开发了多种设计策略，以改善其电化学性能。这些策略可分为两类：①引入特殊纳米结构，以缩短离子扩散路径；②研究新型活性材料，以改善电化学性能。为了克服大体积膨胀，以提高循环稳定性并实现钠离子存储容量，各种二硫化锡基电极被广泛研究和应用。

本实验介绍了泡沫镍作为一种理想的三维金属纳米结构，以提高电极的比表面积，并进一步提高电极中的质量负载。第一步，选择商用的三维泡沫镍结构，分别用超纯水、乙醇和丙酮溶液在超声清洗机中各振荡10min，以去除三维泡沫镍骨架上的杂质及有机物。由于本实验的最终目的是制备三维电极用于钠离子电池，需要装配扣式电池，因此，必须将电极剪裁为可以用于钠离子扣式电池的样品。取上述清洗过的三维泡沫镍，用切片机将其剪裁为直径12mm的圆片，并用砂纸轻轻打磨圆片边缘，使其变得光洁，以防止由于毛刺带来的电池短路问题。第二步，待泡沫镍清洗干净后，用气枪迅速吹干。在离子磨蒸发器中沉积500nm厚的金属锡，注意在沉积过程中，沉积速率不易过快，过快容易造成金属锡堆积，过慢的速率也会影响沉积效率。经过精准的控制沉积工艺，得到精准厚度的三维镍基金属锡材料。第三步，将沉积得到的三维金属锡置于石英管的中心位置，而石英管水平放置在真空管式炉中，在管式炉的进风口一端放置过量的硫单质，利用硫在高温下变为气相，在载硫气体的作用下，硫蒸气进入石英管中心位置与此处的金属发生反应，金属锡被硫化为二硫化锡。石英管中心区域的温度设定为300℃，测得此时的进风口位置为200℃，该温度足以使硫单质气化。实验开始前，为保证反应质量，在常温下通入20min氩气，以保证石英管中为氩气的惰性环境。实验开始后，管式炉开始加热，在进风口位置，持续通入氩气，流速保持在60cm/min。待温度加热至300℃后，在此温度下保温1h，随后自然冷却至室温。反应完成后，取出样品，备用。

6.2.3　二硫化锡纳米复合材料的制备

（1）锂插层二硫化锡薄膜材料的制备

对于薄膜的二硫化锡材料，最简单的方法是通过电化学插层制备基于二硫化锡的纳米复合材料，制备方法如下：

对于锂离子插层反应制备二硫化锡纳米复合材料，将制备的二硫化锡薄膜电极作为工作电极，锂金属片为对电极和对电极，以溶解在体积比为1:1的碳酸乙烯酯（EC）和碳酸二甲酯（DMC）混合溶剂中的1mol/L $LiPF_6$中作为电解质，组装成瓶装电池，电池置于氩气填充的手套箱中，将电化学工作站的测试线接入其中，整个电化学反应和测试在手套箱中完成。制样过程中，以−15μA进行充电，电池从 0.01V 充电至 3V 截止，待反应完成后，取下样品表征其组成等。

（2）有机阳离子插层二硫化锡薄膜材料的制备

二硫化锡纳米复合材料的另外一种制备方法是在二硫化锡层间插入有机物阳离子，构筑有机-无机纳米复合材料。本实验的制备方法与锂离子电池插层有机物方法类似，在其层间插入正己胺盐阳离子，该离子具有较大的空间位置，可以有效地扩大二硫化锡层间距，极大地改变二硫化锡的性能。制备方法如下：

以生长有二硫化锡薄膜的硅片为工作电极，金属铂为对电极，以前一章所配置的 50mL 0.5mol/L HA/DMSO 溶液为电解液，分别对瓶装电池加载不同的电荷量（1mA·h、2mA·h、3mA·h、4mA·h 和 5mA·h），在不同的电量下，可以驱动不同量的 HA 离子进入电化学系统，从而得到不同组成的有机-无机纳米复合材料，表征其组成和应用。待反应完成后，将样品从电化学测试系统上取下，置于超纯水中过夜，使二硫化锡与 HA、DMSO 形成的复合物能够与水进行离子交换，从而引入更多的外来离子，从而更大程度地改变二硫化锡的性能。

（3）三维二硫化锡/石墨烯复合材料的制备

二硫化锡是一种可以容纳锂离子和钠离子的二维材料，因此可以用作钠离子电池的电极材料。三维电极材料具有高比表面积，其关键优势是能够获得高比容量，而不牺牲功率密度。鉴于此，将二硫化锡二维材料制备成三维结构，使其在可逆脱嵌钠离子的过程中，实现对活性材料的高量负载，提高钠离子电池的性能。然而，单一的二硫化锡材料，很难实现更高的倍率性能、功率性能及能量密度，需要与其他材料进行复合。其中，碳纳米管和石墨烯是典型的代表材料，可以显著提高二硫化锡材料的电化学性能。

在本实验中，采用化学气相沉积法在三维泡沫镍骨架上沉积二硫化锡材料，制备成三维的二硫化锡，并采用喷涂沉积法负载石墨烯材料，制备为三维二硫化钼/石墨烯复合材料，研究其作为钠离子电池负极材料的性能。具体的制备过程如图 6-3 所示。

取前一步骤制备的三维二硫化锡电极，置于表面皿中。将购买的商业化还原氧化石墨烯（rGO）分散在 N-甲基吡咯烷酮（NMP）溶液中，配置成 2g/L 溶液。溶液通过氮气驱动的喷枪（喷嘴直径 1.4mm，亚马逊）制

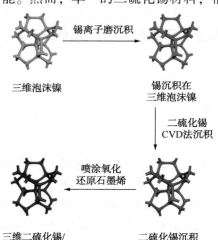

图 6-3　三维二硫化锡/
氧化还原石墨烯制备过程

备。轻轻将含有还原氧化石墨烯的 NMP 溶液喷涂到三维二硫化锡电极表面，喷涂完成后，样品在30℃下在真空烘箱中干燥过夜，得到三维二硫化锡/石墨烯复合电极材料。

6.3 二硫化锡纳米复合材料的表征

6.3.1 X 射线衍射表征

（1）二硫化锡表征

本实验所用的二硫化锡薄膜材料，采用化学气相沉积法制备，首先在硅片衬底上利用离子磨蒸发法沉积金属锡，再经过高温硫化法制备二硫化锡材料。而金属锡可以被硫化为硫化锡（SnS）和二硫化锡（SnS_2）。为了表征所制备的材料组成，采用 X 射线衍射法对其进行表征。图 6-4 所示为二硫化锡薄膜的 XRD 谱图。从图中可以看出，最强的衍射特征峰出现在 69.1°处，与 ICDD 的 PDF 卡片（ISPDS NO.05-0565）进行比对，发现该特征峰对应硅单质的（004）晶面。

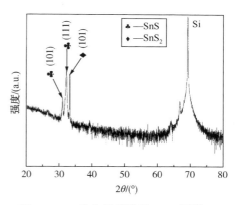

图 6-4 二硫化锡薄膜的 XRD 图谱

质的（004）晶面。出现这一现象的主要原因是本实验的所有反应是在硅片表面完成的，硅片具有最强的特征峰。同时，在 31.5°处发现较强的衍射特征峰，与（ICDD）的 PDF（ISPDS NO.39-0354）卡片进行对比，发现其对应硫化锡的（111）晶面。与 31.5°临近的 30.5°也发现较强的衍射特征峰，其分别对应硫化锡的（101）晶面。值得注意的是，在 32.1°发现一个次强特征峰，与 ICDD 的 PDF 卡片（ISPDS NO.23-0677）进行比对，发现其对应二硫化锡的（101）晶面。结果表明，新制备的材料为二硫化锡和硫化锡的复合薄膜。

（2）锂离子插层二硫化锡纳米复合材料表征

根据插层化学的知识可知，经过电化学插层的二维材料晶体结构会发生显著变化。本实验通过在二硫化锡层间插入锂离子，可以改变原有的晶体结构。锂插

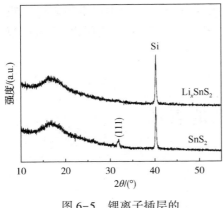

图 6-5 锂离子插层的
二硫化锡 XRD 图谱

层的二硫化锡的 XRD 图谱如图 6-5 所示。锂离子插层后的二硫化锡材料与未插层的二硫化锡相比，（111）晶面所对应的 31.5° 处的衍射峰消失，这是因为锂离子插入二硫化锡层间，使得其晶体结构发生紊乱，结晶度下降，最终导致衍射峰消失。而在 39.8° 处的衍射峰，在未插层和插层的二硫化锡层间均被探测到，与 ICDD 的 PDF 卡片进行比对，发现其对应硅的（111）晶面。结果表明，经过锂插层的二硫化锡，其晶体结构显著变化，从而改变二硫化锡的基本性质。

（3）有机阳离子插层二硫化锡纳米复合材料表征

与二硫化钼薄膜材料类似，有机阳离子插层二硫化锡层间，也可以改变其晶体结构。基于此，可广泛用于二硫化锡材料的性能调控。正己胺盐阳离子是一种典型的有机阳离子，在电场驱动下插入二硫化锡层间，用 XRD 表征其插入前后的结构，如图 6-6 所示。二硫化锡薄膜经过电化学插层正己胺盐阳离子，并且长时间浸泡在水中，可以实现与水分子的离子交换，二硫化锡 31.5° 处的衍射特征峰消失，这是因为正己胺盐阳离子、水分子和 DMSO 的插入，使得二硫化锡层间的离子种类增

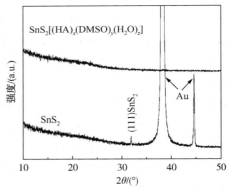

图 6-6 正己胺盐阳离子插层的
二硫化锡 XRD 图谱

加，极大地改变二硫化锡（111）的晶面间距，紊乱度剧烈变化，从而使原有的晶体特性减弱，衍射峰消失，最终影响二硫化锡的物理性能。同时，在 38.1° 和 44.4° 处探测到极强的衍射峰，与 ICDD 的 PDF 卡片进行比对，发现这 2 个特征峰分别对应金（Au）的（111）和（200）晶面。这是因为在制备二硫化锡电极的过程中，表面沉积的金作为导电层，因此，探测到金的特征峰不可避免。

（4）三维二硫化锡/石墨烯纳米复合材料表征

对于三维二硫化锡纳米材料而言，其制备过程在三维泡沫镍骨架上完成，因此要采用 XRD 对其进行表征，其结果如图 6-7 所示。从图中可以看出，在 14.8°

处出现最强的衍射峰，对应二硫化锡的（001）晶面，其晶面间距为 0.59nm，并与 ICDD 的 PDF 卡片（JCPDS NO. 23–0677，$a=6.4$Å，$b=6.4$Å 和 $c=5.9$Å，）完全匹配。另外在 28.2° 和 32.1° 处观察到 2 个衍射峰，分别对应二硫化锡的（100）晶面和（101）晶面。值得注意的是，在 44° 检测到一个较明显的衍射特征峰，与 ICDD 的 PDF 卡片（JCPDS NO. 04–0850）进行对比发现其对应泡沫镍的（111）平面。因此，XRD 表征发现，已成功制备出三维二硫化锡。

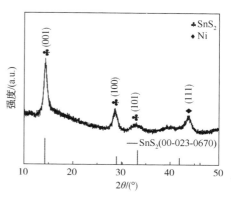

图 6-7　三维二硫化锡的 XRD 图谱

6.3.2　拉曼光谱表征

（1）二硫化锡薄膜的拉曼光谱表征

拉曼光谱分析是基于所发现的拉曼散射效应，对于入射光频率不同的散射光谱进行分析以得到分子振动、转动方面信息，并应用于分子结构研究的一种分析方法。这种方法可以快速、无损地表征材料的性能，对碳材料包括三维材料、二维石墨烯、类石墨烯、一维碳纳米管和零维富勒烯等材料均有优异的表征。二硫化

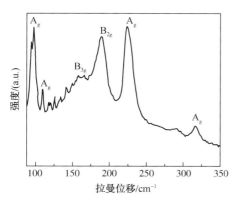

图 6-8　二硫化锡薄膜的拉曼光谱图

锡薄膜的拉曼光谱测试结果如图 6-8 所示。从图中可以看出，在 97.2cm⁻¹、224.5cm⁻¹ 处发现较强的拉曼光谱信号，其对应二硫化锡振动中的 A_g 振动模式。而 189.6cm⁻¹ 处的拉曼信号，对应硫化锡的 B_{2g} 振动模式。在 165.3cm⁻¹ 有较弱的特征峰，对应 SnS 振动中的 B_{3g} 振动模式。109.6cm⁻¹ 处的拉曼峰，对应硫化锡的 A_g 振动模式。而 317.2cm⁻¹ 的特征峰对应二硫化锡的 A_g 振动模式。因此，结合拉曼光谱信号，证明成功制备出二硫化锡。

（2）三维二硫化锡的拉曼光谱表征

三维二硫化锡广泛用于钠离子电池中，其拉曼光谱有别于薄膜的二硫化锡材料。本实验中，在泡沫镍骨架沉积二硫化锡，制备成三维二硫化锡材料，其拉曼

光谱测试如图6-9所示。从图中可以看出，在189cm⁻¹处对应硫化锡的B_{2g}振动模式，而226cm⁻¹处则对应硫化锡的A_{1g}振动模式，在317cm⁻¹处探测到强的拉曼光谱信号，对应二硫化锡的面内A_{1g}振动模式。从拉曼光谱的拉曼位移也可以看出，其与薄膜二硫化钼有微小差异。而二硫化锡与还原氧化石墨烯复合，制备成二硫化锡/还原氧化石墨烯复合材料。为了验证2种材料的复合情况，同样采用拉曼光谱对其进行表征，结果如图6-10所示。从图中可

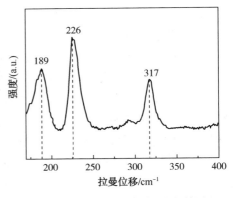

图6-9 三维二硫化锡的拉曼光谱图

以看出，2个强烈且典型的拉曼光谱峰位，在1360cm⁻¹和1600cm⁻¹，分别对应还原氧化石墨烯的D峰和G峰，D峰和G峰分别表征还原氧化石墨烯的结构缺陷和sp²键碳原子的振动模式，D峰的强度（I_D）和G峰的强度（I_G）的比值反映还原氧化石墨烯的无序程度。比值越大，表明还原氧化石墨烯的无序度越高。本实验中的比值为1.16，表明还原氧化石墨烯中有缺陷存在。而对于二硫化锡/还原氧化石墨烯复合材料，在其低峰位区间，也存在二硫化锡的拉曼特征峰，分别位于189cm⁻¹、226cm⁻¹和317cm⁻¹三处的拉曼特征峰仍然存在，表明成功制备出二硫化锡/还原氧化石墨烯纳米复合材料。

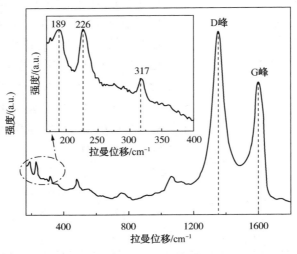

图6-10 三维二硫化锡/石墨烯的拉曼光谱图

6.3.3　X射线光电子能谱表征

（1）二硫化锡薄膜的 XPS 表征

XPS 光谱分析是另外一种无损、高效且应用广泛的材料表征手段。对于二硫化锡薄膜材料也不例外。图 6-11 所示为二硫化锡薄膜的锡 XPS 图谱。从图中可以看出，在 496.8eV 和 488.1eV 处出现两个结合能的特征峰，分别对应锡的 $3d_{3/2}$ 和 $3d_{5/2}$，证明所制备的材料中有 Sn^{4+} 存在。图 6-12 所示为二硫化锡的硫 XPS 图谱。从图中可以看出，在 161.7eV 和 160.6eV 处出现两个结合能的特征峰，分别对应 $S\ 2p_{1/2}$ 和 $S\ 2p_{3/2}$，说明材料中有 S^{2-} 存在。因此，XPS 的测试结果表明二硫化锡的存在。

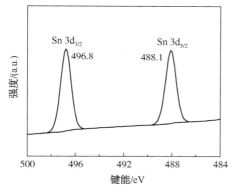

图 6-11　二硫化锡的锡 XPS 图谱　　　图 6-12　二硫化锡的硫 XPS 图谱

（2）三维二硫化锡/还原氧化石墨烯的 XPS 表征

三维二硫化锡/还原氧化石墨烯用于钠离子电池，采用 XPS 对其进行表征。全谱图如图 6-13 所示。从图中可以看出，明显的 C 1s 谱图，表明还原氧化石墨烯已经被完全地负载在三维泡沫镍骨架上。而在全谱中同时探测到 Sn 3d 能谱信号和 S 2p 能谱信号，表明二硫化锡也被成功制备在三维泡沫镍骨架上。由于二硫化锡被沉积在三维泡沫镍上，因此，在全谱中同样探测到 Ni 2p 能谱信号。

为进一步验证所制备的材料为二硫化锡材料，对 Sn 3d 图谱进行分析，如图 6-14 所示。从图中可以看出，在 495.1eV 和 486.6eV 处，发现 2 个明显的特征峰，其分别对应 Sn $3d_{3/2}$ 和 Sn $3d_{5/2}$。图 6-15 所示为 S 2p 的 X 射线光电子能谱图。从图中可以看出，在 168.9eV 和 163.0eV 处探测到 2 个特征峰，分别对应 $S\ 2p_{1/2}$ 和 $S\ 2p_{3/2}$。从锡和硫的 X 射线光电子能谱结果来看，二硫化锡成功制备在三维镍骨架上。图 6-16 所示为三维二硫化锡/还原氧化石墨烯的 C 1s X 射线电子能谱图。从图中可以看到，在 284.0eV 和 286.0eV 处发现 2 个峰，分别由 rGO 光谱和 C=C 键产生，结果表明 rGO 被负载到二硫化锡表面。

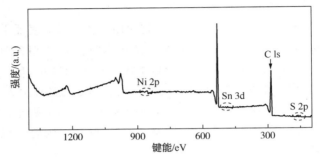

图 6-13　三维二硫化锡/氧化还原石墨烯 X 射线光电子能谱（全谱）图

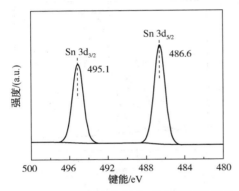

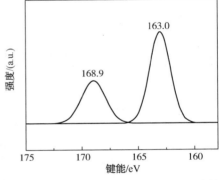

图 6-14　三维二硫化锡/氧化还原石墨烯的　图 6-15　三维二硫化锡/氧化还原石墨烯的
　　　Sn 3d X 射线光电子能谱图　　　　　　　　S 2p X 射线光电子能谱图

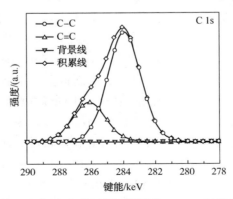

图 6-16　三维二硫化锡/氧化还原石墨烯的 C 1s X 射线光电子能谱图

6.3.4 能量色散 X 射线荧光光谱表征

能量色散 X 射线荧光光谱分析是利用每种元素可以激发出特定 X 射线的特性，来分析或者检测所制备的物质。因此，采用 XRF 对三维二硫化锡/还原氧化石墨烯进行表征，结果如图 6-17（a）所示。从图中可以看出，被检测物质在 3.4keV 和 3.2keV 处发现两个特征峰，与标准光谱进行比对，发现其对应锡的 Lα 射线，这表明锡原子的 M 层原子跃迁到 L 层，产生 Lα 射线。在图 6-17（b）中，在 13.4keV 和 13.8keV 处探测到两个特征峰，与光谱图进行比对，其为锡原子的 L 层电子跃迁到 K 层，产生的 Kα 射线所致。

对于硫原子而言，也遵循类似的规律、硫原子在 2.3keV 时，会激发出硫原子的 Kα 射线，产生的原因也是硫原子在被激发的状态下，其原子的 L 层电子跃迁到 K 层产生 Kα 射线，结果如图 6-17（c）所示。因此，能量色散 X 射线荧光光

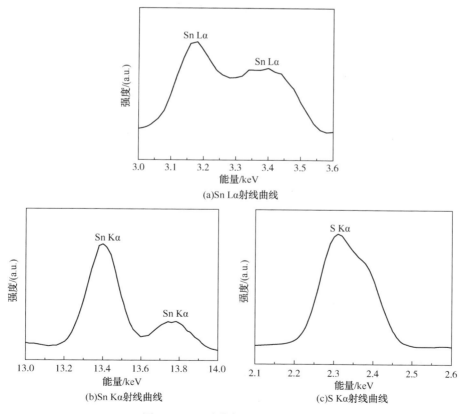

图 6-17　二硫化锡的 EDXRF 图谱

谱测试结果也与 X 射线衍射、拉曼光谱分析和 X 射线光电子能谱测试结果一致。因此，可以断定所制备的材料为二硫化锡材料。

6.3.5　SEM 表征

（1）二硫化锡薄膜 SEM 表征

为表征二硫化锡薄膜的表面粗糙度及形貌，以判断其是否适合满足光学测试的要求，对所制备的材料进行扫描电子显微镜测试。图 6-18 所示为所制备的二硫化锡薄膜材料的 SEM 照片。从图中可以看出，所制备的材料表面光洁，没有明显的疵点，仅有微小的颗粒，因此可用于高倍的光学测试。

图 6-18　未经插层反应的二硫化锡的 SEM 照片

对于二硫化锡的光学测试，需对二硫化锡样品进行表面处理，因此，同样需要对样品表面形貌进行测试，结果如图 6-19 所示。图 6-19(a)所示为二硫化锡薄膜经过锂离子插层后的 SEM 照片。从图中可以看出，经过锂离子插层反应的二硫化锡薄膜，表面无明显变化，仅有部分较大颗粒，而其余区域大部分呈现镜面光洁，不影响光学性能的测试。图 6-19(b)所示为经过有机正己胺盐阳离子插

(a)经过锂离子插层　　　　　　　　　　(b)经过有机正己胺盐阳离子插层

图 6-19　二硫化锡薄膜 SEM 照片

层的二硫化锡薄膜表面 SEM 照片。从图中可以看出，与未经插层反应的二硫化锡表面进行对比，插层后表面并无明显变化，无杂质颗粒附着，只有少量暗黑色阴影部分，这可能是因为少量的有机物污染。但大部分区域呈现光洁的表面，不影响后续的光学测试。

（2）三维二硫化锡/还原氧化石墨烯 SEM 表征

三维二硫化锡/还原氧化石墨烯用于钠离子电池，其表面形貌影响其电化学性能的发挥。图 6-20（a）所示为未经沉积二硫化锡的三维泡沫镍骨架，仅仅用乙醇和丙酮清洗过。三维泡沫镍骨架具有良好的电接触，可作为三维电极的支撑材料。图 6-20（b）所示为三维泡沫镍骨架上沉积的金属锡。从图中可以看出，经过金属锡沉积后，表面形貌较纯的三维泡沫镍骨架，没有明显变化。

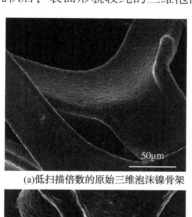
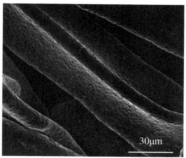

(a)低扫描倍数的原始三维泡沫镍骨架 (b)高扫描倍数的原始三维泡沫镍骨架

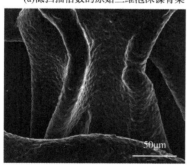
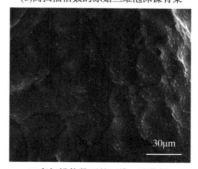

(c)低扫描倍数下的三维二硫化锡/ (d)高扫描倍数下的三维二硫化锡/
还原氧化石墨烯 还原氧化石墨烯

图 6-20　SEM 照片

图 6-20（c）和图 6-20（d）分别为低放大倍数和高放大倍数下的三维二硫化锡/还原氧化石墨烯的 SEM 照片。从图中可以看出，二硫化锡材料被沉积在三维泡沫镍骨架上，相比原始的三维泡沫镍骨架，低倍数 SEM 显示其表面有微小的鼓泡，表明三维二硫化锡的沉积和还原氧化石墨烯的负载，改变了原始三维泡沫

镍表面骨架的形貌。而高倍数 SEM 显示，三维二硫化锡/还原氧化石墨烯复合电极表面，有微小的颗粒附着，表明其形貌变化。从图 6-20 的四张 SEM 照片可以发现，经过二硫化锡沉积和还原氧化石墨烯沉积的电极表面有微小的变化。

6.3.6 TEM 表征

对纳米尺度的材料而言，TEM 是有效的表征手段，本实验采用 TEM 对二硫化锡、还原氧化石墨烯等材料进行表征。图 6-21(a)所示为低放大倍数下的二硫化锡 TEM 照片。从图中可以看出，层状的二硫化锡呈现层状堆叠，且层数基本均一。为了表征所制备的二硫化锡材料的晶体结构性能，采用选区电子衍射（Selected Area Electron Diffraction，SAED）对材料进行表征，结果如图 6-21(b)所示。从图中可以发现，SAED 的衍射斑点呈现点状分布，表明所制备的二硫化锡材料为单晶结构，且结晶程度高。

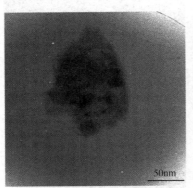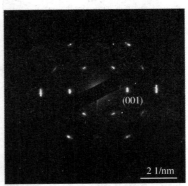

(a)低放大倍数下的二硫化锡TEM照片　　　　　(b)选区电子衍射图

图 6-21　低放大倍数下的二硫化锡 TEM 照片及选区电子衍射图

为进一步验证所制备的二硫化锡材料，对二硫化锡进行高倍 TEM 测试，结果如图 6-22 所示。图 6-22(a)所示为高放大倍数的二硫化锡 TEM 照片。从图中可以清晰地看出晶格条纹的存在，通过对其进行测量，其晶格条纹间距为 0.59nm，与 ICDD 的 PDF 卡片（ISPDS NO.23-0677）进行比对，发现其对应二硫化锡的(001)晶面。而图 6-22(b)是图 6-22(a)中，沿着黑线获取的 TEM 轮廓线，通过作图可以看出，其相邻的晶格条纹间距为 0.59nm，与图 6-22(a)中所量取的一致。

图 6-23 所示为高放大倍数的二硫化锡 TEM 照片。从图中可以清晰地看出晶格条纹的存在，通过对其进行测量，其晶格条纹间距为 0.28nm，与 ICDD 的 PDF 卡

片(ISPDS NO.23-0677)进行比对,发现其对应二硫化锡的(101)晶面。而图6-24是图6-23中沿着白线方向晶格条纹获取的TEM轮廓线,通过作图可以看出,其相邻的晶格条纹间距为0.28nm,与图6-23中所量取的一致。结果表明所制备材料为二硫化锡。

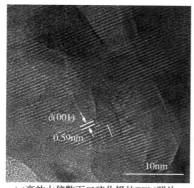

(a)高放大倍数下二硫化锡的TEM照片

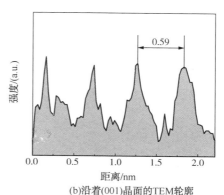

(b)沿着(001)晶面的TEM轮廓

图6-22 沿(001)晶面的二硫化锡TEM照片及晶面间距轮廓曲线

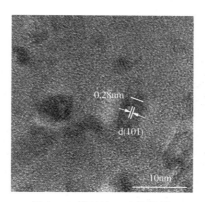

图6-23 沿(101)晶面的二硫化锡的TEM照片

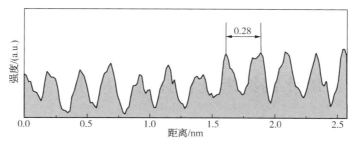

图6-24 沿(101)晶面的二硫化锡晶面间距轮廓曲线

　　本实验中用到的还原氧化石墨烯材料，也是复合电极重要的组成部分。因此，采用 TEM 表征其结构，结果如图 6-25 所示。图 6-25(a)所示为低倍的还原氧化石墨烯的 TEM 照片。从图中可以看出，还原氧化石墨烯为多层堆叠。从图 6-25(b)中可以发现，部分区域呈现单层，表明还原氧化石墨烯有良好的分散性能，且质量较好。图 6-25(c)所示为高倍的还原氧化石墨烯 TEM 照片。从图中可以看出其清晰可见的晶格条纹，表明其结晶性良好。图 6-25(d)所示为还原氧化石墨烯的选区电子衍射图。从图中可以看出，其衍射图像为一系列半径不同的同心圆，表明所得的还原氧化石墨烯为多晶体结构。

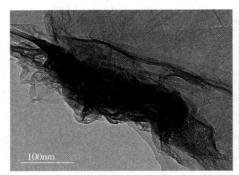

(a)低倍TEM照片

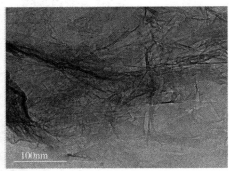

(b)不同区域的TEM照片

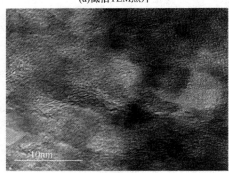

(c)高倍TEM照片

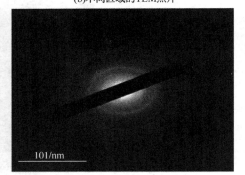

(d)基于图(a)的选区电子衍射图

图 6-25　还原氧化石墨烯的结构表征

6.4　二硫化锡纳米复合材料的应用

（1）电化学储能领域

三维二硫化锡/还原氧化石墨烯具有良好的电化学性能，可用于钠离子电池中。因此，采用循环伏安法对其进行表征，结果如图6-26所示。清晰的氧化还原峰表明三维二硫化锡/还原氧化石墨烯复合电极的两步氧化和还原过程。复合电极的三个循环CV曲线呈高度重叠，表明其具有优异的氧化还原性能和可逆的钠化/脱钠化过程。在第1个循环中，钠离子嵌入二硫化锡层间，在1.65V处出现一个尖峰，在1.31V处出现一个宽峰，形成Na_xSnS_2嵌入化合物，反应机理如反应式（6-1）所示。0.89V处的峰值

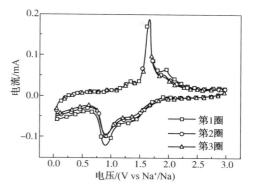

图6-26　三维二硫化锡/
还原氧化石墨烯循环伏安曲线

与反应式（6-2）有关，即Na_xSnS_2随着固体电解质界面（SEI）的形成转化为Na_2S和金属锡。在随后的循环中，0.88V处的典型峰值是钠离子和金属锡之间的合金化反应，机理是反应式（6-3），1.65V处的峰值对应于转化反应。

$$xNa^+ + SnS_2 + xe^- \rule[0.5ex]{3em}{0.4pt} Na_xSnS_2 \qquad (6-1)$$

$$Na_xSnS_2 + (4-x)Na^+ + (4-x)e^- \rule[0.5ex]{3em}{0.4pt} Sn + 2Na_2S \qquad (6-2)$$

$$Sn + 3.75Na^+ + 3.75e^- \rule[0.5ex]{3em}{0.4pt} Na_{3.75}Sn \qquad (6-3)$$

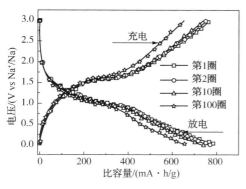

图6-27　三维二硫化锡/
还原氧化石墨烯恒流充/放电测试

在明确了三维二硫化锡/还原氧化石墨烯可以用于钠离子电池后，对电池进行长循环充/放电测试，研究其充/放电过程中电压和容量之间的关系，测试结果如图6-27所示。从图中可以看到，第1、2、10和100个充/放电循环后，三维二硫化锡/还原氧化石墨烯复合电极在0.5C电流密度下的恒电流放电/充电曲线。结果发现充电平台发生在1.5～1.7V，而放电平台发生在0.75～1.2V，这与图6-26所测得的CV结果一致。

电池的长循环性能是评价电池性能的重要指标。将三维二硫化锡/还原氧化石墨烯钠离子电池在0.5C电流密度下进行长循环测试，结果如图6-28所示。从图中可以看出，电池具有良好的比容量特性，初始的充/放电比容量分别达到766.7mA·h/g和786.8mA·h/g，库仑效率达到97.3%；在第2个循环，

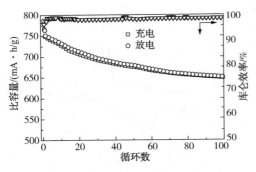

图 6-28　三维二硫化锡/还原氧化石墨烯
复合电极的长循环曲线

充/放电比容量降低到 749.8mA·h/g 和 762.1mA·h/g，库仑效率为 98.4%。而从第 3 圈开始，库仑效率升高到 99.5%，充/放电比容量也保持在 747.4mA·h/g 和 751.2mA·h/g。在此后的循环过程中，电池的库仑效率始终保持在 99% 以上。经过 100 圈循环后，充/放电比容量仍然保持在 648.1mA·h/g 和 650.8mA·h/g，库仑效率为 99.5%，容量保持率为 84.5%。结果表明，三维二硫化锡/还原氧化石墨烯复合电极具有良好的循环稳定性。

电池的倍率性能是重要的参数指标，可以评估电池快速充电及功率性能，在不同电流密度下测试电池的可逆性和循环稳定性，结果如图 6-29 所示。从图中可以看出，三维二硫化锡/还原氧化石墨烯在 0.1C 电流密度下，呈现 865.6mA·h/g 的充电比容量和 867.2mA·h/g 的放电比容量，库仑效率达到 99.8%。在随后的循环中，在 0.5C、1C、2C 和 5C 电流密度下，复合电极的比充电容量为

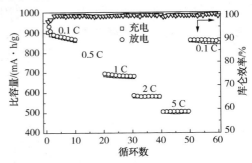

图 6-29　三维二硫化锡/
氧化还原石墨烯的倍率性能

758.2mA·h/g、678.5mA·h/g、581.2mA·h/g 和 503.8mA·h/g，而相应的放电比容量达到 761.9mA·h/g、680.1mA·h/g、581.7mA·h/g 和 504.8mA·h/g。在上述电流密度下，所有 CE 均高于 99%。随后，电流密度调整为 0.5C，充电比容量和放电比容量都恢复到 852.2mA·h/g 和 854.9mA·h/g，结果表明具有高可逆性的高速率性能。

为了验证三维二硫化锡/还原氧化石墨烯的电化学动力学性能，在不同的扫描速率下研究电池的电流-电压响应，结果如图 6-30 所示。为了阐明这种高可逆性背后的动力学规律，在 0.2~0.5mV/s 区间内，进行循环伏安测试。测量电流（i）和扫描速率（v）之间的关系如下：

$$i = av^b$$

其中，a 和 b 为变量；v 为扫描速率；i 为 CV 实验测量的电流。a、b 值可由

上述方程计算，其可表征三维二硫化锡/还原氧化石墨烯复合电极的电化学过程模式。b 值为 0.5 表示总扩散控制行为(半无限线性扩散)，b 值为 1 对应于表面控制行为(电容过程)。b 值可通过图 6-30 拟合对数 i 与对数 ν 的曲线斜率来获得。对于 0.2~0.5mV/s 的扫描速率，阳极峰和阴极峰的 b 值分别为 0.5 和 0.85。这表明动力学更接近扩散控制反应，表明表面控制反应和扩散控制反应之间存在相互作用。三维二硫化锡/还原氧化石墨烯峰值电流对数与扫描对数关系如图 6-31 所示。

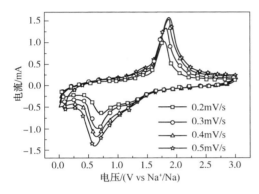

图 6-30　不同扫描速率下的三维二硫化锡/　　　图 6-31　三维二硫化锡/还原氧化石墨烯
　　　还原氧化石墨烯的电极循环伏安曲线　　　　　　　峰值电流对数与扫描对数关系

为了研究三维二硫化锡/还原氧化石墨烯的性能，采用多种技术研究电极的电化学动力学行为。在不同的扫描速率下测试电池的电流响应，来分析电池容量受扩散控制还是电容控制，通过拟合扩散贡献和电容贡献数据，得出不同扫描速率下的循环伏安曲线扩散贡献和电容贡献的百分数柱状图，结果如图 6-32 所示。从图中可以发现，当扫描速率为 0.1mV/s 时，电容贡献率为 31%，扩散控制占 69%。而随着扫描速率增大，电容不断增大。在 0.2mV/s 扫描速率下，电容贡献为 38%，扩散控制占 62%。在 0.3mV/s 扫描速率下，电容贡献为 42%，扩散控制占 58%。在 0.4mV/s 扫描速率下，电容贡献为 45%，扩散控制占 55%。在扫描速率增大到 0.5mV/s 时，电容贡献增大到 54%，扩散贡献占比 46%。

为了进一步阐明钠离子电池三维二硫化锡/还原氧化石墨烯复合负极的电化学性能，分别研究了第 10 个循环后、第 20 个循环后、第 30 个循环后、第 40 个循环后、第 50 个循环后和第 100 个循环后的电化学阻抗谱。具体来说，以三维二硫化锡/还原氧化石墨烯复合电极为工作电极，钠金属片作为参比电极和对电

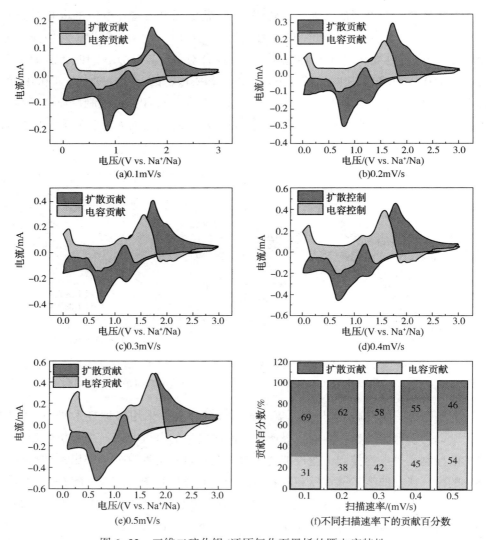

图6-32 三维二硫化锡/还原氧化石墨烯的赝电容特性

极，组装成接头套管电池。组装后，将电池放置2h，使电解质和电极之间充分渗透。在每次EIS测试前，将电池充电至3V，然后静置2h以稳定电位。从图6-33(a)中，得到不同循环后的6个奈奎斯特图，在高频到中频区域中存在半圆表示界面阻抗，对应于二硫化锡/还原氧化石墨烯和电解质之间的电荷转移(R_{et})过程和SEI生长。低频区的斜率线归因于体电极中的离子扩散效应，相应的等效电路如图6-33(b)所示。

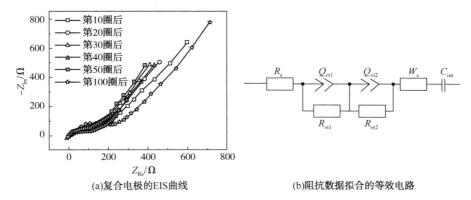

(a)复合电极的EIS曲线　　　　(b)阻抗数据拟合的等效电路

图 6-33　第 10、20、30、40、50 和 100 个循环后复合电极的
EIS 曲线及阻抗数据拟合的等效电路

表 6-1 所示为基于图 6-33(a)电化学阻抗谱图的拟合数据。结果表明：第 10 圈循环后，R_{ct1} 为 109.6Ω，R_{ct2} 为 8.15Ω，在第 20 个循环后，R_{ct1} 和 R_{ct2} 分别降低到 100.6Ω 和 7.42Ω，表明了电极的快速转移动力学性能。在第 30 个循环后，相应的数据分别为 94.6Ω 和 7.3Ω，表明电荷转移动力学得到进一步改善。然而，在第 40 个循环和第 50 个循环后，相应的数据增加，表明电荷转移动力学缓慢。这表明电荷转移动力学呈现先增加后减少的趋势。

表 6-1　图 6-33(a)中电化学阻抗谱的拟合数据　　　　　　　　　　Ω

	R_s	R_{ct1}	R_{ct2}
初始	6.67	6958	2402
第 10 圈后	7.98	109.6	8.15
第 20 圈后	8.42	100.6	7.42
第 30 圈后	7.30	94.6	7.30
第 40 圈后	8.40	120.3	7.93
第 50 圈后	7.32	99.4	8.12
第 100 圈后	8.62	198.4	7.99

超细 SnS_2 纳米晶体-还原氧化石墨烯纳米带纸(SnS_2-RGONRP)是通过精心设计的工艺制成的，包括原位还原、蒸发诱导的自组装和硫化，如图 6-34 所示。所形成的 SnS_2 纳米晶体的平均直径为 2.3nm，均匀地分散在 RGONR 表面。蒸发过程中形成的强大毛细力导致 RGONR 的紧凑组装，从而形成具有 0.94g/cm 高密度的柔性纸结构。所制备的 SnS_2-RGONRP 复合材料可直接用作钠离子电池的

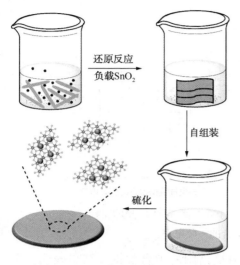

图 6-34　二维二硫化锡/还原氧化
石墨烯纳米带纸的制备过程示意

独立电极。由于超细 SnS_2 纳米晶体与导电紧密连接的 RGONR 网络之间的协同作用，复合纸电极表现出优异的电化学性能。在 $0.1\sim10A/g$ 范围内的电流密度下得到 $244\sim508mA\cdot h/cm^3$ 的高体积容量。即使在电流密度分别为 $1A/g$ 和 $5A/g$ 下测试 1500 次循环后，仍然保持 $334mA\cdot h/cm^3$ 和 $255mA\cdot h/cm^3$ 的放电容量。为创建用于能量存储和转换的独立式复合电极提供了新途径。

（2）半导体领域

二硫化锡材料除了在电化学储能领域广泛应用外，磁性二维材料因其在自旋电子学中的巨大潜在应用而备受关注。因此，研究人员提出了一种使用微机械解离方法剥离的高质量 Fe 掺杂 SnS_2 单层。Fe 原子掺杂在 Sn 原子位置，Fe 含量分别为 2.1%、1.5% 和 1.1%。基于 $Fe_{0.021}Sn_{0.979}S_2$ 单层的场效应晶体管表现出 n 型行为及高光电性能。磁性测量表明纯 SnS_2 是抗磁性的，而 $Fe_{0.021}Sn_{0.979}S_2$ 表现出铁磁行为，在 2K 时具有垂直各向异性，居里温度约为 31K。密度泛函理论计算表明，Fe 掺杂中的长程铁磁有序 SnS_2 单层在能量上是稳定的，估计的居里温度与我们的实验结果非常吻合。

基于这种新型二维磁性半导体的场效应晶体管具有高 ON/OFF 比（>106）、$8.15cm^2/(V\cdot s)$ 的高电子迁移率和 $206mA/W$ 的高光响应性。纯 SnS_2 是抗磁性的，而 $Fe-SnS_2$ 表现出显著的磁垂直各向异性行为，居里温度为 31K。DFT 计算证实了 $Fe-SnS_2$ 的铁磁行为和垂直各向异性。实验和理论结果表明，$Fe-SnS_2$ 将具有出色的光电器件性能，如图 6-35 所示，掺杂铁的 SnS_2 在未来的纳米电子、磁性和光电应用中具有巨大的潜力。

（3）光探测领域

二维（2D）材料最近引起了极大的关注。具有片状形态的 SnS/SnS_2 因其优异的电子传输性能而广泛应用于光电器件。在本研究中，通过在 $280\sim300℃$ 的反应温度下改变 $SnCl_2$ 和 C_2H_5NS 的摩尔比，一锅法成功地将 SnS 矩形纳米片转化为 SnS_2 六边形纳米片。SEM、XRD、拉曼和 XPS 光谱检查了最终产品的物理性质。漫反射光谱和 PL 光谱确定 SnS/SnS_2 的带隙分别约为 1.49eV 和 2.19eV。还研究

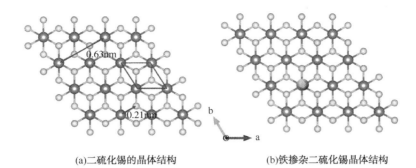

(a)二硫化锡的晶体结构   (b)铁掺杂二硫化锡晶体结构

图 6-35   晶体结构示意

了 SnS/SnS$_2$ 纳米片的光电特性。制造 FTO/SnS/SnS$_2$/Pt 光电阴极以提高光电流密度，结构如图 6-36 所示。实现了高达 26.7μA/cm^2 的光电流密度。SnS 和 SnS$_2$ 纳米片已在高达 280℃和 300℃的温度下合成。合成后的 SnS 纳米片具有矩形形状，而 SnS$_2$ 纳米片具有六边形形状。SnS 和 SnS$_2$ 纳米片的带隙分别确定为 1.49eV 和 2.19eV。在 AM 1.5 的光照下，SnS 和 SnS$_2$ 纳米片薄膜在酸性和碱性溶液中的 PEC 性能被表征。制造 FTO/SnS/SnS$_2$/Pt 光电阴极以提高光电流密度。实现了约 26.7μA/cm^2 的最高光电流密度。

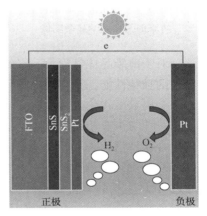

图 6-36   二硫化锡光电极
工作原理示意

（4）晶体管

基于传感器融合的智能无人机飞行算法，通常使用传统的数字计算平台来实现。然而，在各种环境中进行稳健的飞行控制，需要替代的节能计算平台，以减少电池和计算能力的负担。因此，研究人员展示了一个基于 SnS$_2$ 半导体晶体管的模拟-数字化混合计算平台，用于无人机中的低功耗传感器融合。通过结合陀螺仪和加速度计的传感数据，带有晶体管的模拟卡尔曼滤波电路有助于消除噪声，以准确估计无人机的旋转，器件示意如图 6-37 所示。结果表明，基于混合计算的卡尔曼滤波器的功耗仅为传统基于软件的卡尔曼滤波器的 1/4。

因此，当传感器模块直接集成到模拟卡尔曼滤波电路中时，混合计算平台的功耗进一步降低。由于测量的传感信号是模拟信号，模拟卡尔曼滤波电路可以直

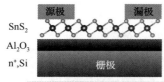

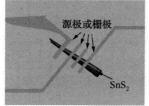

图 6-37 所制备的 SnS₂ 晶体管
的原理图和光学显微图像

接处理数据，而不需要任何模数转换，从而最小化延迟和量化误差。此外，由于晶体管比传统的双端忆阻器多一个电极（栅电极），因此可通过栅电极调整器件电导，使电路配置更简单，从而降低总体功耗。结果表明，这种模拟组件可提供更高的性能和可靠性；二硫化锡晶体管在低电流（约 $1\mu A$）下具有较高的耐久性，可达到 10^5 以上，这一对比性的研究提供了模拟-数字混合计算的可靠性。而且，本研究主要专注于提高传感器的精度和能源效率，模拟-数字混合计算融合是一种很好的方法，完全不同于以前的报告，主要关注机器人控制中速度（响应时间）的提高。

对于薄膜晶体管而言，二维（2D）金属二卤代化合物由于其在大块材料中不存在的独特性能，正在被广泛研究。这些新兴材料的工业兼容性发展，对于促进二维金属双卤代化合物从研究阶段向实际工业应用阶段的过渡是必不可少的。然而，一种与工业相关的方法，即低温合成晶片级、连续和定向控制的二维金属二卤化合物，仍然是一个重大挑战。因此，研究人员通过锡氧化物的原子层沉积（ALD）和随后的硫化反应，用低温（≤350℃）合成均匀和连续的 n 型 SnS₂ 薄膜。通过 ALD 生长的氧化锡和衬底表面的相工程方法，证明了平行于衬底的结晶和排列良好的 SnS₂ 层。在 300℃ 下额外的硫化氢等离子体处理导致 SnS₂ 的形成。因此，该方法在三维波动孔结构上证实了 SnS₂ 保护层的形成，揭示了在平面结构之外的应用潜力。

本研究提出了通过 ALD 生长的锡氧化物硫化合成工业相关的层结构 SnS₂。锡氧化物作为母材料和基底表面的相工程，导致在低温下平行于基底的均匀和连续的 SnS₂ 层的晶片级生长（≤350℃）。氧化物在 SnS₂/锡氧化物界面上与硫化氢的化学反应活性受到氧化物相的显著影响。氧化亚锡被发现在较低的温度下比氧化锡更有利于 SnS₂ 的形成。在具有较高表面能的氧化铝衬底上，实现了薄膜的全覆盖和平行于衬底表面的基底面的优先取向。随后，在 300℃ 的硫化氢等离子体处理减少了硫用量，提高了 SnS₂ 薄膜的结晶度。ALD 的共形性有利于 SnS₂ 在波动孔结构上具有良好的步长覆盖。结果表明，工业兼容的低温工艺将允许 SnS₂ 在大规模生产的新兴设备中使用 SnS₂。此外，对 SnS₂ 硫化的系统研究为其他二维材料的硫化进展提供了见解。硫化技术甚至可以扩展到液态金属的原子薄金属氧化物，超过 ALD 生长的氧化物。这项工作将是工业二维金属硫族化合物制备的重要一步，以及将 SnS$_2$ 薄膜应用于多种工业场景。二氧化锡合成过程示意如图 6-38 所示。

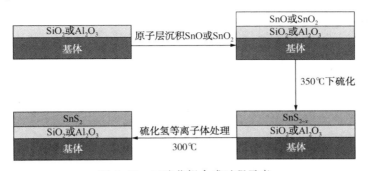

图 6-38 二硫化锡合成过程示意

（5）光催化领域

利用人工光合作用通过太阳能光催化生成碳氢化合物是替代传统化石燃料一种非常理想的可再生能源。利用基于 L-半胱氨酸的水热工艺，合成了一种碳掺杂 SnS$_2$（SnS$_2$-C）金属二卤化物纳米结构，该结构在可见光下，具有高活性和选择性的二氧化碳光催化转化为碳氢化合物。间隙碳掺杂与未掺杂的 SnS$_2$ 相比，诱导了 SnS$_2$ 晶格中的微应变，导致不同的光物理性质。该 SnS$_2$-C 光催化剂显著提高了可见光下的二氧化碳还原活性，达到 0.7% 以上的光化学量子效率。

结果表明，利用 L-半胱氨酸辅助水热法成功合成了掺碳的 SnS$_2$-C，是可见光下 CO$_2$ 还原的高效光催化剂，如表 6-2 所示。合成的 SnS$_2$-C 光催化剂具有选择性的光催化二氧化碳还原为乙醛，PCQE 值在 0.7% 以上。根据各种结构分析，C 掺杂主要以间隙的形式加入，引入微应变，影响电子能带结构和光学性质。此外，DFT 计算表明，碳掺杂也促进了 CO$_2$ 分子在二氧化碳表面的吸附，其解离势垒相对较小，这些因素都显著增强了二氧化碳的光催化还原。在双卤化物和其他金属硫化物的窄带隙中掺杂碳是开发高量子效率二氧化碳还原光催化剂一种很有前途的方法。

表 6-2　所制备的二硫化锡和碳掺杂二硫化锡的化学组成

元素	SnS$_2$-C	SnS$_2$
原子分数（元素分析）		
Sn	27.19	33.99
S	52.03	63.22
C	20.78	2.79
误差	±（2%~3%）（原子分数）	

掺杂半导体是最重要的用于现代电子设备的物质。在硅基材料中集成电路，简易和可控的制造与这些材料的集成可以形成一个高电阻的界面。然而，二维材料的性质排除了使用传统材料离子注入技术的载流子掺杂且进一步阻碍了设备开发。在这里，科研工作者演示了一个基于溶剂插入方法来实现 p 型、n 型及简并掺杂半导体材料。与自然制备相反，利用该技术获得的 n 型 s 空位 SnS_2、Cu 插入双层 SnS_2 空穴场效应迁移率为 $40cm^2V^{-1}s^{-1}$，得到的 $Co-SnS_2$ 显示出类金属性质，反应过程如图 6-39 所示。结合这种插入技术用光刻技术，一个原子无缝的 p-n-金属连接可以进一步实现精确的尺寸和空间控制，这使平面内异质结构实际适用于集成设备和其他 2D 材料。因此，科研工作者所提出的插入方法可以开辟一条新的途径，连接以前完全不同的集成电路世界和原子薄的材料。

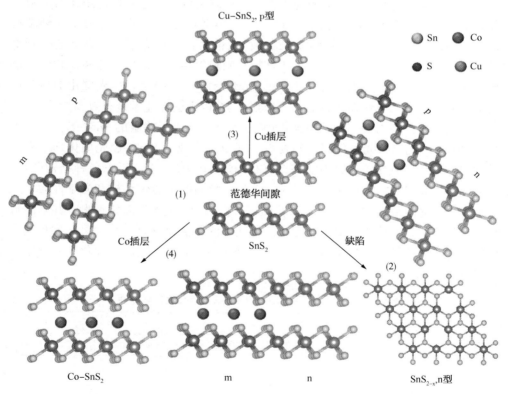

图 6-39　具有范德华间隙的二硫化锡的原始结构及其插层反应

6.5 本章小结

本章采用化学气相沉积法，在硅基体表面沉积制备了二硫化锡薄膜材料，并采用电化学插层法在其层间插入锂离子和有机正己胺盐阳离子，改变二硫化锡的晶体结构，从而改变其原有的属性。同时，针对二维二硫化锡材料可以用于钠离子电池电极的特性，在三维泡沫镍骨架上制备二硫化锡，得到三维二硫化锡材料，并在此结构上沉积还原氧化石墨烯，最终制得三维二硫化锡/还原氧化石墨烯材料，用于钠离子电池。主要结论如下：

（1）首先，采用离子磨蒸发法在单面抛光硅片上沉积 100nm 的金属 Sn，然后以硫单质为硫源，在氩气环境中用化学气相沉积法对其进行硫化，得到二硫化锡薄膜。对新制备的二硫化锡薄膜，分别用 X 射线衍射法、X 射线光电子能谱和拉曼光谱进行表征，以确定二硫化锡薄膜的生成。

（2）本实验制备的二硫化锡薄膜材料，采用化学气相沉积法制备，首先在硅片衬底上利用离子磨蒸发法沉积金属锡，然后经过高温硫化法制备二硫化锡材料。而金属锡可以被硫化为硫化锡（SnS）和二硫化锡（SnS_2），采用 X 射线衍射法对其进行表征。结果表明：在 31.5°处发现较强的衍射特征峰，发现其对应硫化锡的（111）晶面，与 31.5°临近的 30.5°也发现较强的衍射特征峰，其分别对应硫化锡的（101）晶面，而 32.1°处的衍射特征峰对应二硫化锡的（101）晶面，说明新制备的材料为二硫化锡和硫化锡的复合薄膜。

（3）采用拉曼光谱表征二硫化锡的结构，在 $97.2cm^{-1}$、$224.5cm^{-1}$ 处发现较强的拉曼光谱信号，其对应二硫化锡振动中的 A_g 振动模式，而 $189.6cm^{-1}$ 处的拉曼信号，对应硫化锡的 B_{2g} 振动模式，在 $165.3cm^{-1}$ 处有较弱的特征峰，对应 SnS 振动中的 B_{3g} 振动模式，$109.6cm^{-1}$ 处的拉曼峰，对应硫化锡的 A_g 振动模式，而 $317.2cm^{-1}$ 的特征峰对应二硫化锡的 A_g 振动模式。

（4）采用 X 射线光电子能谱表征二硫化锡薄膜，在 496.8eV 和 488.1eV 处出现 2 个结合能的特征峰，分别对应锡的 $3d_{3/2}$ 和 $3d_{5/2}$，证明所制备的材料中有 Sn^{4+} 离子存在。而在 161.7eV 和 160.6eV 处出现 2 个结合能的特征峰，分别对应 S $2p_{1/2}$ 和 S $2p_{3/2}$，说明材料中有 S^{2-} 存在。因此，XPS 的测试结果表明二硫化锡的存在。三维二硫化锡/还原氧化石墨烯可以明显观察到 C 1s 谱图，表明还原氧化石墨烯已经被完全地负载在三维泡沫镍骨架上。而在全谱中同时探测到 Sn 3d 能谱信号和 S 2p 能谱信号，表明二硫化锡也被成功制备在三维泡沫镍骨架上。

由于二硫化锡被沉积在三维泡沫镍上，因此，在全谱中同样探测到 Ni 2p 能谱信号。

（5）采用能量色散 X 射线荧光光谱分析二硫化锡薄膜，被检测物质在 3.4keV 和 3.2keV 处发现 2 个特征峰，与标准光谱进行比对，发现其对应锡的 Lα 射线，这表明锡原子的 M 层原子跃迁到 L 层，产生了 Lα 射线。在 13.4keV 和 13.8keV 处探测到 2 个特征峰，与光谱图进行比对，其为锡原子的 L 层电子跃迁到 K 层，产生的 Kα 射线所致。对于硫原子而言，也遵循类似的规律，硫原子在 2.3keV 时，会激发出硫原子的 Kα 射线，产生的原因也是硫原子在被激发的状态下，其原子的 L 层电子跃迁到 K 层产生 Kα 射线。因此，能量色散 X 射线荧光光谱测试结果也与 X 射线衍射、拉曼光谱分析和 X 射线光电子能谱测试结果一致。因此，可以断定所制备的材料为二硫化锡材料。

（6）用扫描电子显微镜表征二硫化锡薄膜材料，结果发现，经过锂离子插层反应的二硫化锡薄膜，表面无明显变化，仅有部分较大颗粒，而其余区域大部分呈现镜面光洁，不影响光学性能的测试。

（7）用透射电子显微镜表征二硫化锡薄膜材料，结果发现层状的二硫化锡呈现层状堆叠，且层数基本均一。为了表征所制备的二硫化锡材料的晶体结构性能，采用选区电子衍射对材料进行表征，发现选区电子衍射的衍射斑点呈点状分布，表明所制备的二硫化锡材料为单晶结构，且结晶程度高。二硫化锡进行高倍 TEM 测试，可以清晰地看出晶格条纹的存在，对其进行测量，其晶格条纹间距为 0.59nm，与 ICDD 的 PDF 卡片（ISPDS NO.23-0677）进行比对，其对应二硫化锡的（001）晶面。

（8）将三维二硫化锡/还原氧化石墨烯钠离子电池在 0.5C 电流密度下进行长循环测试，可以看出，电池具有良好的比容量特性，初始的充/放电比容量分别达到 766.7mA·h/g 和 786.8mA·h/g，库仑效率达到 97.3%，而在第 2 个循环，充/放电比容量降低到 749.8mA·h/g 和 762.1mA·h/g，库仑效率为 98.4%。从第 3 圈开始，库仑效率升高到 99.5%，充/放电比容量也保持在 747.4mA·h/g 和 751.2mA·h/g。在此后的循环过程中，库仑效率始终保持在 99%以上。而经过 100 个循环后，充/放电比容量仍然保持在 648.1mA·h/g 和 650.8mA·h/g，库仑效率为 99.5%，容量保持率为 84.5%。结果表明，三维二硫化锡/还原氧化石墨烯复合电极具有良好的循环稳定性。

7 二硫化钛纳米复合材料的制备及应用

7.1 引言

过渡金属二硫属化合物二硫化钛，是另一种基于插层反应的二维材料，被广泛用于多个领域，面内由强的共共价键结合（图 7-1），而单个二硫化钛层通过范德华力相互作用结合，因此，使得外来离子插入二硫化钛层间。外来离子包括常见的有机阳离子、无机离子如锂离子、钠离子、镁离子、铝离子、铜离子和钙离子等。二硫化钛用于锂离子电池、锂硫电池、钠离子电池、镁离子电池，铝离子电池、钙离子电池、太阳能电池、储氢材料、热电材料，以及其他由插层反应引起的功能材料。

和大多数的二维材料相同，二硫化钛层间插入外来离子，也会引起晶体结构的变化，结果决定性质，最终改变材料的性质。因此，利用二硫化钛的这一特性，在其层间插入不同种类和数量的外来离子，可以极大地改变材料的固有属性，如热导率特性，制成热电材料。

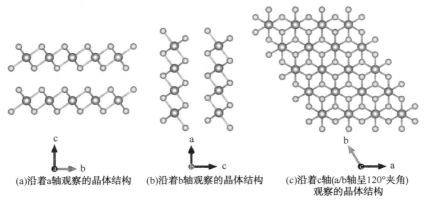

(a)沿着a轴观察的晶体结构　(b)沿着b轴观察的晶体结构　(c)沿着c轴(a/b轴呈120°夹角)观察的晶体结构

图 7-1　二硫化钛的晶体结构示意

7.2 二硫化钛纳米复合材料的制备

7.2.1 二硫化钛电极材料的制备

本实验采用商业化的二硫化钛薄膜成品，以其为反应物，制备基于二硫化钛的纳米复合材料。所选用的二硫化钛薄膜是单晶材料，沿着(001)晶面方向生长，具有典型的层状结构特点。将锂离子和正己胺盐阳离子插入二硫化钛层间，制备出二硫化钛插层纳米复合材料。在插层实验之前，需要将二硫化钛制备成可用于电化学实验的电极，以便于在后续的电化学插层实验中顺利开展实验。

商业化的二硫化钛材料，为块体材料。第一步，采用机械剥离法将其从块体表面剥离，具体操作是用商用的 Kapton 聚酰亚胺双面胶带粘贴二硫化钛的块体材料，将其剥离成多层的二硫化钛薄膜材料；第二步，将机械剥离得到的二硫化钛转移至金属铜箔上，将二硫化钛薄膜轻轻铺展，在二硫化钛薄膜的三边涂上导电银胶，保证二硫化钛薄膜可以粘贴在铜箔上，而另一边裸露，这样做的目的是让锂离子可通过裸露的边缘扩散到二硫化钛的附近进行插层反应；第三步，将用导电银胶粘贴固定的二硫化钛置于恒温热台上，在55℃的温度下加热2~3min，使银胶充分固化。最后取下样品，二硫化钛电极制备成功，效果如图7-2所示。

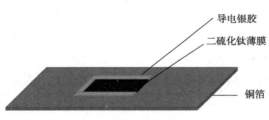

导电银胶
二硫化钛薄膜
铜箔

图7-2　二硫化钛电极制备完成效果示意

7.2.2 二硫化钛纳米复合材料的制备

在本研究中，采用电化学插层法制备二硫化钛纳米复合材料，外来离子选择锂离子和正己胺盐阳离子。

（1）Li_xTiS_2的制备

对于锂离子插层二硫化钛纳米复合材料的制备，如前章所述，按照锂离子电池的工作原理进行。在无水无氧的手套箱中，以所制备的二硫化钛为工作电极，锂金属片为对电极和参比电极，商用的锂离子电池用电解液（1mol/L $LiFP_6$溶于体积比为 1 : 1 的碳酸亚乙酯和碳酸二甲酯的混合溶液）为电解液，组装为接头套管电池。以 −15μA 的电流，从 0.01V 对电池进行充电，在这一过程中，锂离子插入二硫化钛层间，二硫化钛被还原，得到二硫化钛的锂离子插层化合物。待充电电压为 3V 时，结束实验。取下样品，分析其结构与组成的变化。整个过程，电化学反应方程式如式（7-1）所示。

$$TiS_2 + xLi^+ + xe^- \Longleftrightarrow Li_xTiS_2 \qquad (7-1)$$

$$(\sim 0.01V \text{ vs } Li/Li^+,\ 0 \leqslant x \leqslant 1)$$

（2）有机阳离子插层二硫化钛纳米复合材料的制备

正己胺盐阳离子带有正电荷，在电场驱动可以定向移动，进入二硫化钛层间，进行插层反应。以正己胺盐酸盐为溶质，DMSO 为溶剂，配制成 0.5mol/L HA/DMSO 溶液。在复合材料的制备过程中，以二硫化钛电极为工作电极，铂金属为对电极和参比电极，HA/DMSO 电解质溶液为电解液，加载 1mA·h、2mA·h、3mA·h、4mA·h、5mA·h 不同的电量，以控制插层反应的程度。插层反应后，将正己胺盐阳离子插层的二硫化钛薄膜置于超纯水中过夜搁置 10h 以上，使水分子、DMSO 分子充分地进行离子交换，加之不同电量控制下的不同正己胺盐阳离子的数量，从而更大程度地改变二硫化钛薄膜原有的性能。

7.3 二硫化钛纳米复合材料的表征

7.3.1 X 射线衍射表征

本实验采用商用的二硫化钛薄膜材料为原料，因此需要对原料的基本性质进行。采用 X 射线衍射法测试二硫化钛的晶体结构，结果如图 7-3 所示。从图中可以看出，二硫化钛薄膜的晶体质量极好，有极强的衍射峰，表明二硫化钛的结晶性能良好。在 15.5°、31.3°、47.8° 和 65.4° 有极强的衍射峰，分别对应（001）晶面、（002）晶面、（003）晶面和（004）晶面。并且无其他衍射峰出现，说明 TiS_2 沿（001）方向生长为单晶结构。

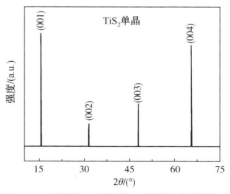

图 7-3　原始的二硫化钛 X 射线衍射谱图

二硫化钛作为典型的过渡金属二硫属化合物，其层间可以插入外来离子，从而改变晶体结构，影响物理、化学性能，结果如图7-4所示。图7-4(a)所示为二硫化钛材料插入锂离子之后的XRD图。从图中可以看出，经过插层后的二硫化钛衍射峰变小，峰位有略微的左移，(001)晶面的衍射特征峰由15.5°减小到15.1°，(002)晶面衍射特征峰由31.3°减小到30.5°，(003)晶面衍射特征峰由47.8°减小到46.5°，(004)晶面衍射特征峰由65.4°减小至63.5°。这表明锂离子在TiS_2层间的插入，也增大了层间距，使得2θ减小。

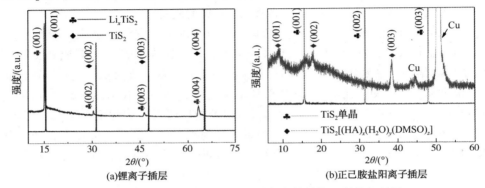

(a)锂离子插层　　　　　　　　　　(b)正己胺盐阳离子插层

图7-4　经过离子插层的二硫化钛复合材料的X射线衍射图

如布拉格定律公式(7-2)所示，波长一定，晶面间距增大，$\sin\theta$减小，所以2θ减小。

$$\sin\theta = \frac{n\lambda}{2d} \tag{7-2}$$

式中，n为常数；λ为入射波波长；d为晶格间距；θ为入射波与晶面之间的夹角。

对于二硫化钛插层正己胺盐阳离子，在与水分子进行离子交换后，其复合材料的各个特征峰相较于TiS_2略微减小，即峰位左移。这可能是因为正己胺盐阳离子、水分子、DMSO的插入，使得TiS_2的晶面间距增大。阳离子的插入，使得二硫化钛的层间距变得紊乱，因此峰位左移的幅度并不一致。在43.3°和50.4°发现铜的衍射特征峰，与ICDD中的PDF卡片(JCPDS NO.04-0836)进行比对，发现其对应铜的(111)晶面和(200)晶面，这是因为二硫化钛薄膜材料被固定在铜基体上，不可避免地产生铜的衍射峰。

7.3.2　拉曼光谱表征

拉曼光谱分析对二维层状材料的表征尤为突出。二硫化钛采用拉曼光谱分析其结构与组成，结果如图7-5所示。从图中可以看出，在332.6cm⁻¹和230.4cm⁻¹处有明显的拉曼特征峰，分别对应TiS_2的面外A_{1g}振动模式和面内E_{1g}振动模式。结果表明该薄膜为二硫化钛材料。

7.3.3 X射线光电子能谱表征

如前所述，X射线光电子能谱分析是最常见的分析材料组成和结构方法，因此本实验采用X射线光电子能谱分析二硫化

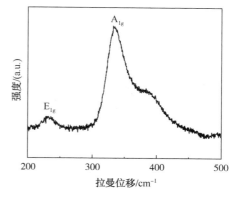

图7-5 二硫化钛的拉曼光谱

钛，结果如图7-6所示。图7-6（a）所示为Ti 2p的能谱图。通过分峰拟合，在465.5eV和459.7eV处出现两个单独的峰位，分别对应Ti 2p$_{1/2}$和Ti 2p$_{3/2}$。而在图7-6（b）中，在162.0eV和160.8eV处探测到两个单独的峰位，分别对应S 2p$_{1/2}$和S 2p$_{3/2}$。结果说明该材料为二硫化钛。

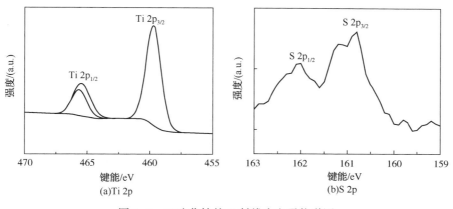

图7-6 二硫化钛的X射线光电子能谱图

7.3.4 SEM表征

二维二硫化钛材料是典型的光电材料，用于光电器件，因此需要采用扫描电子显微镜表征材料的形貌和光洁度等，结果如图7-7所示。图7-7（a）所示为经过锂离子插层的二硫化钛薄膜材料的SEM照片。从图中可以看出，经过锂离子插层的电化学反应的薄膜表面光洁，插层反应堆表面形貌的影响较小，仅有部分

微小的颗粒，不影响光电性能的测试。图 7-7（b）所示为经过插层正己胺盐阳离子的二硫化钛薄膜的 SEM 照片。从图中可以看出，薄膜表面无明显变化，无杂质颗粒附着，不影响光电性能的测试。

(a)锂离子插层

(b)正己胺盐阳离子插层

图 7-7　二硫化钛插层化合物的 SEM 照片

7.4　二硫化钛纳米复合材料的应用

二硫化钛具有较大的层间距，利用其插层法制备多种纳米复合材料，被广泛用于能量储存与转换器件、热电材料、储氢材料、光/电催化领域等。

7.4.1　能量储存与转换器件

镁离子电池相较于锂离子电池有诸多优势，如镁离子可以传递两个电子，金属镁在地球上储量大，价格比锂金属低，而且镁的化合物无毒或者低毒性，具有良好的环境友好特性。从电化学角度来看，镁离子没有枝晶的产生，电势低（-2.375V，相对于标准氢电极）具有高能量密度、高安全性和低成本的特点。美国休斯敦大学 Yan Yao 课题组针对镁-氯化物键的缓慢断裂和二价镁阳离子在正极材料中的缓慢扩散，报道了一种利用一氯化镁和 1-丁基-1-甲基吡咯烷氯化物阳离子（PY14+）在二硫化钛中插层，得到膨胀的二硫化钛，反应过程如图 7-8 所示。通过理论建模、光谱分析和电化学研究相结合，揭示了氯化镁阳离子的快速扩散动力学，而不会断开氯-镁键。在 25℃ 和 60℃，该电池分别展示了在每个钛原子中能够可逆插入一个和 1.7 个一氯化镁阳离子，容量高达 400mA·h/g。即使在室温下，大容量电池同时具有优异的倍率和循环性能，因此，为多价离子电池的各种有效插层主体开辟了可能性。

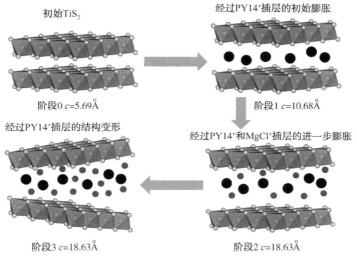

图 7-8　TiS$_2$ 在不同插层阶段的结构演变示意

　　因此，这种通过 MgCl$^+$ 嵌入机制实现的镁电池化学。一类具有电化学扩展层间距的二维主体材料允许插入大的 MgCl$^+$。使用膨胀的正极材料，TiS$_2$/Mg 全电池的可逆容量和倍率性能超过最先进的镁可充电电池。这项工作揭示了决定层间材料中离子扩散与层间距离和化学相互作用的因素，并且确定了克服镁可充电电池中高迁移能垒和动力学缓慢解离过程的挑战的新方向。这种电池化学可以扩展到将多价离子（如 Zn^{2+}、Ca^{2+}、Al^{3+}）嵌入各种二维材料中，突出了多价离子电池未开发的材料设计路线的重要性。

　　与绝大多数作为半导体的过渡金属二硫化物不同，二硫化钒是导电的，极有希望成为锂离子电池的电极材料。然而，二硫化钒在循环过程中由于较大的 Peierls 畸变而表现出较差的稳定性。因此，研究人员在二硫化钒片上涂覆约 2.5nm 厚的二硫化钛层，使其在锂离子电池的电化学环境中保持稳定。密度泛函理论计算表明，在锂化-脱锂过程中，二硫化钛涂层不太容易受到 Peierls 变形的影响，使其能够稳定底层的二硫化钒材料。二硫化钛包覆的二硫化钒正极的工作电压约为 2V，比容量高（在 200mA/g 电流密度下有 180mA·h/g 的比容量）、倍率性能好（在 1000mA/g 电流密度下有 70mA·h/g 的比容量）。充电 400 次后，容量保持率接近 100%。

　　电化学测试、原位光学成像和第一原理 DFT 计算表明，在二硫化钒薄层被 2.5nm 厚的二硫化钛涂层封装后，电池的稳定性得到显著提高。循环后二硫化钒电极的 SEM 成像表明，二硫化钒层倾向于分层（剥离）大块二硫化钒薄片。这是因为锂嵌入和脱嵌导致的结构变形将对最外层的二硫化钒层产生最大的负面影响。这些层受到的保护最少，也最容易受到攻击。大部分薄片内的二硫化钒薄片由相邻薄片机械支撑，因此与薄片分离的可能性要小得多。因此，支持靠近表面最外层的二硫化钒层变得至关重要，这正是 2.5nm 厚的二硫化钛涂层能够实现的。二硫化钛涂覆在二硫化钒表面，之所以具有如此优异的电化学性能，主要是由于二硫化钛涂层的晶格畸变最小，使二硫化钛层在二硫化钒薄片上保持完整。它的存在可防止底层二硫化钒薄层从薄片表面脱离，并防止二硫化钒材料在锂化–脱锂过程中的分层和破裂，为合理设计用于构建高性能锂离子电池的导电过渡金属二硫属化合物材料提供了新的机会。二硫化钛–二硫化钒复合材料制备过程示意如图 7-9 所示。

锂离子彻底插入电极材料期间的相演化决定了它们在充电和放电期间的电池性能。这里，使用原位 TEM 结合基于同步加速器对分布函数的测量和第一性原理的计算研究了二硫化钛的锂化途径。二维插层反应伴随着从 Ti–S 板之间的范德华力相互作用到 S–Li–S 共价键的转变进行，没有对称性破坏。进一步的锂化触发了非常规的多步转化反应，已证明：$LiTiS_2 \rightarrow TiS \rightarrow Ti_2S \rightarrow Ti$，如图 7-10 所示。转换反应途径也在纽扣电池中完全放电的样品中得到验证。扩展的转化化学应该增加 TiS_2 电极的容量并降低可循环性，而中间相的存在表明通过成功控制充电状态来提高可逆性的前景。

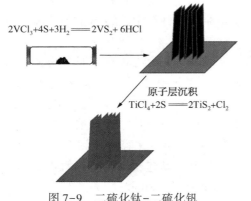

图 7-9　二硫化钛–二硫化钒
复合材料制备过程示意

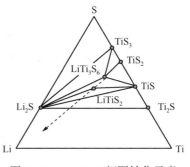

图 7-10　Li–Ti–S 相图转化示意

二硫化钛（TiS_2）具有高电导率、快速倍率能力和良好的循环性能，是钠（Na）离子电池电极材料有希望的候选材料。尽管对二硫化钛在锂离子电池中的电化学行为进行了充分研究，但由于更复杂的多相转化过程，二硫化钛在钠离子电池中的详细反应机理尚未完全清楚。在这项工作中，通过多模式同步加速器方法研究了二硫化钛在钠离子电池中的反应：原位 X 射线吸收光谱（XAS）包括 X 射线吸收近边缘结构（XANES）、扩展 X 射线吸收精细结构（EXAFS）和非原位 X 射线粉末衍射（XPD），再加上计算建模。Operando XANES 光谱表明，氧化还原反应在电化学驱动的相变过程中同时发生在 Ti 和 S 中。XAS 的多变量曲线分辨率–交替最小二乘（MCR-ALS）分析表明，不同数量的组分参与了二硫化钛的锂化和钠化，除了起始材料和最终的钠化产物之外，钠化还包括至少一种中间相。异位 XPD 和 Rietveld 细化进一步确定和量化了未知相，表明三相 TiS_2、$Na_{0.55}TiS_2$ 和 $NaTiS_2$ 参与 TiS_2 的钠化，结构如图 7-11 所示。Operando EXAFS 结果显示 Ti-Ti 配位数和原子间距离的变化。这解释了循环后 Ti 的配位数恢复不完全导致的库仑效率衰减。总体而言，这项工作揭示了 $Na-TiS_2$ 电池中发生的反应机制，对结构演化有更定量的了解。通过结合多模态同步加速器方法和计算工作，本研究提供了一个框架，用于研究更广泛的电化学驱动相变系统，以实现先进的能量存储和转换应用。

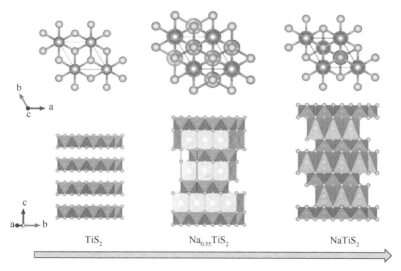

图 7-11　钠离子电池每个循环过程中的晶体结构

镁电池是高能量存储系统的良好备选材料，但能够超越 Chevrel 相（Mo_6S_8）的功能正极的有限发现，减缓了镁离子电池的发展。因此，有科研工作者报道了层状二硫化钛作为一种有前途的正极插层材料，在镁全电池中展现出 115mA · h/g 的稳定比容量。元素分析结合 X 射线衍射研究证明了可逆 Mg^{2+} 嵌入二硫化钛结

图 7-12 二硫化钛用于
镁离子电池的作用原理示意

构中，从而阐明了循环时的相变化行为，如图 7-12
所示。与 Li$^+$ 表现出的固溶行为不同，电压曲线揭示
了不同的 Mg^{2+} 排序，不仅指出了"软"晶格在促进二
价固态阳离子迁移率方面的重要作用，而且还提供
了一种替代硫化物，作为理解 Mg^{2+} 在晶格中嵌入平
台中的基础规律。

二硫化钛在镁离子电池中有较好的电化学表现，
但在钾离子电池（KIBs）中的电化学性能较差，因为
K 离子尺寸较大，会导致不可逆的结构变化和较差的
动力学。为了详细了解相变动力学，研究了钾插层
TiS$_2$（K$_x$TiS$_2$，$0 \leqslant x \leqslant 0.88$）的电化学性质、相变和稳
定性。原位 XRD 揭示了在 K 离子嵌入过程中对应于
不同晶相的阶段性转变，这与 Li 和 Na 离子不同。电
化学（循环伏安法和恒电流充电/放电）研究表明，各
种插层阶段之间的相变减慢了块状二硫化钛主体中放电/充电的动力学。通过对
块体 TiS$_2$（K$_{0.25}$TiS$_2$）进行化学预钾化以减小晶体的畴尺寸，绕过这些相变，可以
获得更容易的离子插入动力学，从而提高库仑效率、倍率性能和循环稳定性，化
学预钾化过程如图 7-13 所示。

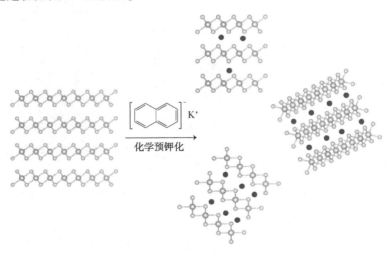

图 7-13 二硫化钛纳米多晶的化学预钾化过程示意

近年来，钾离子电池作为锂离子电池的替代品受到了广泛的研究，因此开发
用于它们的电极材料变得重要。由于独特的层状结构，选择二硫化钛作为典型的

电极材料。然而，1T-TiS$_2$[四方(T)]是一种亚稳态金属相，导致碱金属离子电池的长期稳定性较差。为了缓解这一缺点，本工作通过热退火方法在二硫化钛表面产生功能性阳离子缺陷。引入钛空位有效提高循环能力，增强动力学性能。缺陷的存在可以减弱微观应力和应变，表明缺陷可以缓解离子嵌入过程中的体积膨胀，保持结构稳定性，从而获得优异的循环能力。同时，钛空位还可以调节碱金属离子的插入位点以稳定晶体结构，反应过程如图7-14所示。此外，钛空位可能有助于改善动力学，包括电荷转移阻力和离子传输。这些特征通过电化学分析结合密度泛函理论计算得到验证。因此，功能性阳离子缺陷工程作为一种简便有效的策略可以在各种储能应用中得到推进。

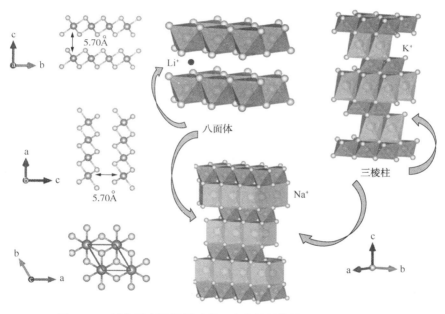

图7-14　碱金属离子插层过程二硫化钛晶体结构演变反应过程

作为最轻、最便宜的过渡金属二硫化物，二硫化钛具有高能量密度存储能力、快离子扩散速率和低体积膨胀等优点，具有作为锂电池电极材料的巨大潜力。尽管对其电化学性质进行了广泛研究，但二硫化钛电极的基本放电/充电反应机制仍然难以捉摸。因此，研究人员通过将非原位和原位X射线吸收光谱与密度泛函理论计算相结合，清楚地阐明在放电/充电过程中二硫化钛的结构和化学性质的演变。锂嵌入反应是高度可逆的，在放电和充电过程中，钛和硫均参与了氧化还原反应。相比之下，二硫化钛的转化反应在第1个循环中是部分可逆的。然而，二硫化钛相关化合物在长时间的电化学循环过程中产生，导致转化反应可逆性降低和容量快速衰减。此外，发现在电极表面形成的固体电解质界面在初始循环中是高度动态的，然后在进一步循环时逐渐变得更加稳定。这种理解对于锂电池的二硫化钛基电极的未来设计和优化很重要。

作为锂离子电池(LIBs)的替代品，钠离子电池(SIBs)由于储量丰富且成本低廉，近年来受到了极大的关注。然而，缺乏合适的负极材料严重阻碍了钠离子电池的应用。二硫化钛因其独特的层状结构被选为代表材料。但由于电化学动力学和结构稳定性差，会出现容量衰减的问题。研究人员通过电化学预钾化策略制造了一种预钾化的二硫化钛作为钠储存的主体材料，反应过程如图7-15所示。对嵌入/脱出机理、结构变化和反应动力学进行了全面研究，揭示了预钾化二硫化钛电极优异的电化学性能。结果表明：预钾化的二硫化钛的大层间空间有利于钠离子扩散，从而降低电化学反应的熵势垒。此外，经过反复循环，预钾化的宿主结构仍然牢固地保持。因此，预钾化的二硫化钛表现出优异的钠离子电池倍率性能(1C时为165.9mA·h/g和20C时为132.1mA·h/g)和长期循环稳定性(5C后500次循环容量保持率为85.3%)。该研究为构建基于预钾化二硫化钛的长寿命钠储能系统提供了一条途径。

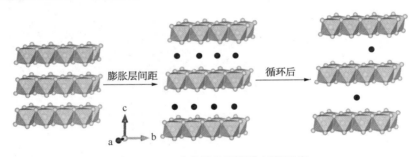

图7-15 二硫化钛的预钾化过程示意

除此之外，利用预锂化的方法，有研究人员报道了使用烷基碳酸酯基电解质在层状二硫化钛中电化学嵌入Ca^{2+}和Mg^{2+}的比较研究，并首次使用X射线衍射和差分吸收X射线断层扫描，证明该化合物中可逆的电化学Ca^{2+}嵌入，在Ca的L_2边缘。插入M^{2+}后会形成不同的新相，这些相具有结构特征，它们的数量和组成取决于M^{2+}和实验条件。发现还原后形成的第一相是离子溶剂化嵌入机制的结果，其中溶剂分子与M^{2+}共嵌入。进一步还原后，新的非共插层含钙相似乎以未反应的二硫化钛形成为代价。计算出的二硫化钛中Ca^{2+}迁移的活化能垒(0.75eV)低于先前报道的稀释极限和CdI_2结构类型中的Mg^{2+}(1.14eV)的活化能垒。DFT结果表明，层间空间的扩大降低了能垒，有利于Ca^{2+}迁移的不同途径。

7.4.2 热电材料

基于溶液的二维(2D)材料处理方法，提供了制备大面积薄膜的可能性，这将有助于将二维材料的有趣的基本特性转化为可用的器件。Hui hui Huang 等首次报道了一种新的化学焊接方法，以使用二维半金属 TiS_2 纳米片实现高性能柔性 n 型热电薄膜。使用化学剥离的 TiS_2 纳米片与多价阳离子金属如 Al^{3+} 桥接，在薄膜沉积过程中交联附近的薄片，制备过程如图 7-16 所示。这种处理可以大大提高薄膜的稳定性，并可通过增加塞贝克系数和电导率来提高功率因数。所得 TiS_2 纳米片基柔性薄膜的室温功率因数为 ~216.7 $\mu W/m$，它是化学剥落程度最高的 2D过渡金属二卤化物纳米片基薄膜之一，与最灵活的 n 型热电薄膜相当，表明其在可穿戴电子设备中的潜在应用。

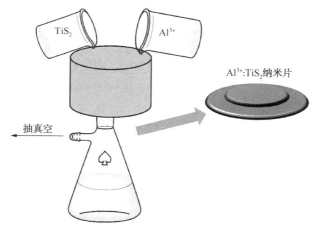

图 7-16　使用 Al^{3+} 交联附近的 TiS_2 纳米片组装柔性薄膜的制备过程

7.4.3 储氢材料

目前在储氢介质研究领域，经济、安全的储氢介质是关键氢燃料应用系统所需的组件。虽然使用各种方法研究储氢材料，但在实现高储氢能力和阐明储氢机制方面碳纳米管仍具有挑战性。南开大学陈军院士团队介绍了一种高纯度多壁二硫化钛纳米管带有开放式尖端，通过化学运输获得反应，可在 25℃下有效储存2.5%(质量分数)的氢气，氢气压力为 4MPa。

7.4.4　医学领域

具有高光热效应的无机纳米材料在肿瘤的光热治疗中受到了极大的关注，而它们中的大多数由于其不可降解性而受到长期安全问题的困扰。为了解决这个问题，Zhigang Chen 等报道了聚乙二醇化二硫化钛（TiS_2-PEG）纳米板作为可降解的光热剂。油胺封端的 TiS_2 约 200nm 的纳米片通过高温液相合成制备成功，它们可以很容易地分散在非极性溶剂中并保持至少 1 个月。为了赋予亲水性，油胺封端的 TiS_2 纳米片随后通过范德华相互作用用两亲性聚乙二醇化脂质进行表面修饰，合成过程示意如图 7-17 所示。当分散在 37℃的盐水溶液中时，TiS_2-PEG 不稳定，72h 内可逐渐分解成 $Ti(OH)_4$/TiO_2 溶胶超小颗粒（<5nm），表明其具有合适的可降解特性。此外，TiS_2-PEG 纳米片在 808nm 激光照射下表现出强烈的近红外光吸收性能，具有 36.3% 的高光热转换效率。体外和体内实验证实了 TiS_2-PEG 与 808nm 激光的结合，具有较低的细胞毒性和对癌细胞的高光热消融能力。重要的是，由于可降解和尺寸小，部分 TiS_2-PEG 可通过尿液和粪便从小鼠体内排出，从而提高了安全性。因此，目前的 TiS_2-PEG 纳米片可以作为一种安全、可降解的光热剂用于肿瘤治疗，这也为开发其他可降解无机纳米剂提供了一些启示。

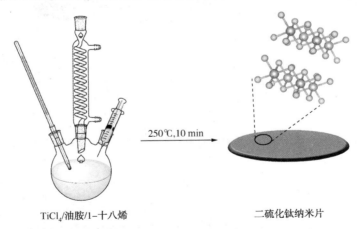

$TiCl_4$/油胺/1-十八烯　　　　　二硫化钛纳米片

图 7-17　油胺封端的二硫化钛纳米片的合成过程示意

7.4.5　表面拉曼增强领域

近年来，过渡金属二硫属化物（TMDs）因其优异的电学和光学性能而备受关注。二硫化钛是一种层状过渡金属二硫化物，随着层数减少，其性能发生显著变化，从间接带隙到直接带隙的转变，从而产生新颖的电学和光学性能。研究人员通过简化电化学插层实验得到不同层数的二硫化钛，研究了沉积电流和层数对二硫化钛表面增强拉曼散射（Surface-enhanced Raman scattering，SERS）活性的影响，反应过程如图7-18所示。结果表明，当电流为$0.25\text{mA}/\text{cm}^2$时，二硫化钛的SERS活性随着层数减少而大大增强。与层状体二硫化钛相比，少层二硫化钛的拉曼增强因子提高了2个数量级，达到3.18×10^5，对R6G的检测限低至10^{-8}M。这种具有不同层的二硫化钛已被开发用于SERS检测，并表现出优异的SERS活性。这主要是由于随着层数减少，基板和有机分子之间的电荷转移效率增加。该工作不仅拓展了少层二硫化钛作为活性SERS基底的应用，而且为提高TMDs的SERS活性提供了一种有效的方法。

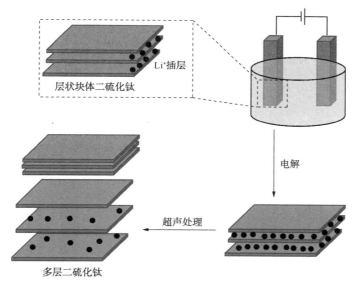

图7-18　由块状二硫化钛剥离为多层二硫化钛的制备过程示意

7.4.6　海水淡化领域

本研究首次介绍了用于脱盐高摩尔浓度盐水的二硫化钛（TiS_2）/碳纳米管（CNT）电极。利用TiS_2的二维层状结构，可通过插层有效地从给水流中去除阳离子。TiS_2-CNT混合电极在不对称电池中配对，带有微孔活性炭布，没有离子交换膜，结构如图7-19所示。通过电化学分析，研究了TiS_2的充电状态与稳定性之间的相关性。通过使用 X 射线衍射，可以深入理解钠离子嵌入机制电荷状态对结构和循环稳定性。在高摩尔浓度（600mM）下，在 70 次循环中表现出稳定的脱盐性能，细胞盐去除能力为 14mg/g（归一化为 TiS_2-CNT 的质量，相当于 35.8mg/g 的钠去除能力）。这种无膜混合法拉第电容去离子的新方法，为海水的节能淡化铺平道路，具有广泛的应用前景。

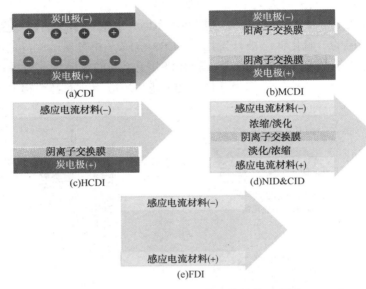

图 7-19　常见去离子装置的结构示意图

7.5　本章小结

本章针对二硫化钛层间可插层诸多离子的特点，采用商业化的单晶二硫化钛薄膜材料，其沿着（001）方向生长。采用 X 射线衍射、拉曼光谱、X 射线光电子能谱、扫描电子显微镜对其结构和形貌进行表征，以确定其初始的化学组成和结构。主要结论如下：

（1）对于 TiS_2 膜材料及其电极而言，未做任何处理的 TiS_2，用 XRD、Raman、XPS、SEM 等手段进行初步表征。选用经乙醇、丙酮及去离子水清洗过的 0.5mm 厚铜箔，涂覆一层薄导电银胶，在其未固化前，用商用聚酰亚胺双面胶从 TiS_2 块体材料上剥离若干薄层的 TiS_2 置于导电银胶之上，置于恒温热台中烘干，使银胶固化，完成电极的制备过程。

（2）X 射线衍射结果表明，二硫化钛薄膜的晶体质量极好，有极强的衍射峰，表明二硫化钛的结晶性能良好。在 15.5°、31.3°、47.8°和 65.4°处有极强的衍射峰，分别对应(001)晶面、（002）晶面、（003）晶面和（004）的晶面。并且无其他衍射峰出现，说明 TiS₂ 沿(001)方向生长，为单晶结构。

（3）拉曼光谱结果表明，在 332.6cm⁻¹ 和 230.4cm⁻¹ 处有明显的拉曼特征峰，分别对应 TiS₂ 的面外 A₁g 振动模式和面内 E₁g 振动模式。这说明该薄膜为二硫化钛材料。

（4）X 射线光电子能谱分析结果显示，经过分峰拟合，在 465.5eV 和 459.7eV 处出现 2 个单独的峰位，分别对应 Ti 2p$_{1/2}$ 和 Ti 2p$_{3/2}$。而在图 7-6(b)中，探测到 162.0eV 和 160.8eV 处两个单独的峰位，分别对应着的 S 2p$_{1/2}$ 和 S 2p$_{3/2}$。因此，以上 Ti 的特征峰和 S 的特征峰说明，该材料为二硫化钛。

（5）扫描电子显微镜测试结果显示，经过锂离子插层的电化学反应的薄膜表面光洁，插层反应堆表面形貌的影响较小，仅有部分微小的颗粒，不影响光电性能的测试。

附　　录

附录1　实验原料

试剂/原料名称	纯度/规格	试剂/原料名称	纯度/规格
单晶二硫化钼	分析纯	丙酮	分析纯
钼金属单质	分析纯	异丙醇	分析纯
单晶二硫化钛	分析纯	超纯水	电阻率 $18.2M\Omega/cm$
锡金属单质	分析纯	氩气	≥99.999%
硫单质	分析纯	蓝宝石基体	单面抛光
导电银胶	分析纯	硅片	单面抛光
铜箔	分析纯	铂金属电极	≥99.99%
纯锂金属片	分析纯	一氧化锰	分析纯
碳酸亚乙酯	分析纯	四硫代钼酸铵	分析纯
碳酸二甲酯	分析纯	水合氢氧化锂	分析纯
碳酸丙烯酯	分析纯	石英管	≥99.7
六氟磷酸锂	分析纯	陶瓷管	≥99.7
二甲基亚砜	分析纯	海藻酸钠	分析纯
正己胺盐酸盐	分析纯	聚丙烯微孔滤膜	分析纯
无水乙醇	分析纯	炭黑	分析纯

附录2　实验仪器及设备

仪器/设备	仪器/设备	仪器/设备
磁控溅射仪	X射线色散能谱仪	电化学工作站
电子束蒸发器	能量色散X射线荧光光谱仪	手套箱
离子磨蒸发仪	冷冻高倍透射电子显微镜	坩埚舟
管式炉	高倍扫描/透射电子显微镜	恒温孵化器
真空干燥箱	拉曼光谱仪	恒温热台
鼓风干燥箱	薄膜X射线衍射仪	电子天平
场发射扫描电子显微镜	粉末X射线衍射仪	离心机
扫描电子显微镜/共聚焦离子束	卢瑟福背散射仪	双频数控超声波清洗器
扫描电子显微镜	红外光谱仪	磨砂聚乙烯球磨罐
差示扫描测量仪	X射线光电子能谱(XPS)	高能球磨机

参 考 文 献

[1] Tan C L, Cao X H, Wu X J, et al. Recent advances in ultrathin two-dimensional nanomaterials[J]. Chemical Reviews, 2017, 117(9): 6225-6331.

[2] Li B, Huang L, Zhong M Z, et al. Synthesis and transport properties of large-scale alloy $Co_{0.16}$ $Mo_{0.84}S_2$ bilayer nanosheets [J]. ACS Nano, 2015, 9(2): 1257-1262.

[3] Chen F, wang L, Ji X H. Evolution of two-dimensional $Mo_{1-x}W_xS_2$ alloy-based vertical heterostructures with various composition ranges via manipulating the Mo/W precursors[J]. The Journal of Physical Chemistry C, 2018, 122(49): 28337-28346.

[4] Zhou J D, Lin J H, Huang X W, et al. A library of atomically thin metal chalcogenides[J]. Nature, 2018, 556(7701): 355-359.

[5] Chhowalla M, Shin H S, Eda G, et al. The chemistry of two-dimensional layered transition metal dichalcogenide nanosheets[J]. Nature Chemistry, 2013, 5(4): 263-275.

[6] Radisavljevic B, Radenovic A, Brivio J, et al. Single-layer MoS_2 transistors [J]. Nature Nanotechnology, 2011, 6(3): 147-150.

[7] Rani R, Yoshimura A, Das S, et al. Sculpting artificial edges in monolayer MoS_2 for controlled formation of surface-enhanced raman hotspots[J]. ACS Nano, 2020, 14(5): 6258-6268.

[8] Dodda A, Oberoi A, Sebastian A, et al. Stochastic resonance in MoS_2 photodetector [J]. Nature Communications, 2020, 11: 4406.

[9] Ding Y, Zheng W, Lu X F, et al. Raman tensor of layered SnS_2[J]. The Journal of Physical Chemistry Letters, 2020, 11(23): 10094-10099.

[10] Ci P H, Tian X Z, Kang J, et al. Chemical trends of deep levels in van der waals semiconductors[J]. Nature Communications, 2020, 11: 5373.

[11] Chen Y Y, Ma J Q, Liu Z Y, et al. Manipulation of valley pseudospin by selective spin injection in chiral two-dimensional perovskite/monolayer transition metal dichalcogenide heterostructures[J]. ACS Nano, 2020, 14(11): 15154-15160.

[12] Wang Z Y, Chu L Q, Li L J, et al. Modulating charge density wave order in a $1T-TaS_2$/black phosphorus heterostructure[J]. Nano Letters, 2019, 19(5): 2840-2849.

[13] Yin Z Y, Li H, Li H, et al. Single-layer MoS_2 phototransistors[J]. ACS Nano, 2012, 6(1): 74-80.

[14] Wang Q H, Kalantar-Zadeh K, Kis A, et al. Electronics and optoelectronics of two-dimensional transition metal dichalcogenides[J]. Nature Nanotechnology, 2012, 7(11): 699-712.

[15] Wu F, Tian H, Shen Y, et al. Vertical MoS_2 transistors with sub-1-nm gate lengths [J]. Nature, 2022, 603(7900): 259-264.

［16］ Rehman S, Khan M F, Kim H D, et al. Analog-digital hybrid computing with SnS_2 memtransistor for low-powered sensor fusion[J]. Nature Communications, 2022, 13: 2804.

［17］ Shin J, Yang S, Jang Y, et al. Tunable rectification in a molecular heterojunction with two-dimensional semiconductors[J]. Nature Communications, 2020, 11: 1412.

［18］ Shi W, Kahn S, Jiang L, et al. Reversible writing of high-mobility and high-carrier-density doping patterns in two-dimensional van der waals heterostructures[J]. Nature Electronics, 2020, 3(2): 99-105.

［19］ Zhao Q, Stalin S, Zhao C Z, et al. Designing solid-state electrolytes for safe, energy-dense batteries[J]. Nature Reviews Materials, 2020, 5(3): 229-252.

［20］ Luo Z Y, Zhang H, Yang Y Q, et al. Reactant friendly hydrogen evolution interface based on di-anionic MoS_2 surface[J]. Nature Communications, 2020, 11: 1116.

［21］ Gao B, Du X Y, Li Y H, et al. Deep phase transition of MoS_2 for excellent hydrogen evolution reaction by a facile c-doping strategy[J]. ACS Applied Materials & Interfaces, 2020, 12(1): 877-885.

［22］ Zang Y P, Niu S W, Wu Y S, et al. Tuning orbital orientation endows molybdenum disulfide with exceptional alkaline hydrogen evolution capability[J]. Nature Communications, 2019, 10: 1217.

［23］ Yang J, Mohmad A R, Wang Y, et al. Ultrahigh-current-density niobium disulfide catalysts for hydrogen evolution[J]. Nature Materials, 2019, 18(12): 1309-1314.

［24］ Wu L F, Dzade N Y, Yu M, et al. Unraveling the role of lithium in enhancing the hydrogen evolution activity of MoS_2: Intercalation versus adsorption[J]. ACS Energy Letters, 2019, 4(7): 1733-1740.

［25］ Wang H, Xiao X, Liu S Y, et al. Structural and electronic optimization of MoS_2 edges for hydrogen evolution[J]. Journal of the American Chemical Society, 2019, 141(46): 18578-18584.

［26］ Sun C, Wang P P, Wang H, et al. Defect engineering of molybdenum disulfide through ion irradiation to boost hydrogen evolution reaction performance[J]. Nano Research, 2019, 12(7): 1613-1618.

［27］ Hinnemann B, Moses P G, Bonde J, et al. Biomimetic hydrogen evolution: MoS_2 nanoparticles as catalyst for hydrogen evolution[J]. Journal of the American Chemical Society, 2005, 127(15): 5308-5309.

［28］ LI H, Tsai C, Koh A L, et al. Activating and optimizing MoS_2 basal planes for hydrogen evolution through the formation of strained sulphur vacancies[J]. Nature Materials, 2016, 15(1): 48-53.

[29] Voiry D, Yamaguchi H, Li J, et al. Enhanced catalytic activity in strained chemically exfoliated WS_2 nanosheets for hydrogen evolution[J]. Nature Materials, 2013, 12(9): 850-855.

[30] Chou S S, Sai N, Lu P, et al. Understanding catalysis in a multiphasic two-dimensional transition metal dichalcogenide[J]. Nature Communications, 2015, 6: 8311.

[31] Lukowski M A, Daniel A S, English C R, et al. Highly active hydrogen evolution catalysis from metallic WS_2 nanosheets[J]. Energy & Environmental Science 2014, 7(8): 2608-2613.

[32] Nguyen D C, Luyen Doan T L, Prabhakaran S, et al. Hierarchical co and nb dual-doped MoS_2 nanosheets shelled micro-TiO_2 hollow spheres as effective multifunctional electrocatalysts for HER, OER, and ORR[J]. Nano Energy, 2021, 82: 105750.

[33] Zheng Z L, Yu L, Gao M, et al. Boosting hydrogen evolution on MoS_2 via co-confining selenium in surface and cobalt in inner layer[J]. Nature Communications, 2020, 11: 3315.

[34] Xu H, Shang H Y, Jin L J, et al. Boosting electrocatalytic oxygen evolution over prussian blue analog/transition metal dichalcogenide nanoboxes by photo-induced electron transfer [J]. Journal of Materials Chemistry A, 2019, 7(47): 26905-26910.

[35] Chen Z L, Chen M, Yan X X, et al. Vacancy occupation-driven polymorphic transformation in cobalt ditelluride for boosted oxygen evolution reaction[J]. ACS Nano, 2020, 14(6): 6968-6979.

[36] Wu X, Lan X X, Hu R Z, et al. Tin-based anode materials for stable sodium storage: Progress and perspective[J]. Advanced Materials, 2022, 34(7): 2106895.

[37] Saha D, Kruse P. Editors' choice—review—conductive forms of MoS_2 and their applications in energy storage and conversion[J]. Journal of The Electrochemical Society, 2020, 167(12): 126517.

[38] Rojaee R, Shahbazian-Yassar R. Two-dimensional materials to address the lithium battery challenges[J]. ACS Nano, 2020, 14(3): 2628-2658.

[39] Liu Z J, Daali A, Xu G L, et al. Highly reversible sodiation/desodiation from a carbon-sandwiched SnS_2 nanosheet anode for sodium ion batteries[J]. Nano Letters, 2020, 20(5): 3844-3851.

[40] Liu T T, Zhang X K, Xia M T, et al. Functional cation defects engineering in TiS_2 for high-stability anode[J]. Nano Energy, 2020, 67: 104295.

[41] Lin C H, Topsakal M, Sun K, et al. Operando structural and chemical evolutions of TiS_2 in Na-ion batteries[J]. Journal of Materials Chemistry A, 2020, 8(25): 12339-12350.

[42] Cao L, Gao X W, Zhang B, et al. Bimetallic sulfide Sb_2S_3@FeS_2 hollow nanorods as high-performance anode materials for sodium-ion batteries[J]. ACS Nano, 2020, 14(3): 3610-3620.

［43］Zang X N, Jian C Y, Zhu T S, et al. Laser-sculptured ultrathin transition metal carbide layers for energy storage and energy harvesting applications［J］. Nature Communications, 2019, 10 (1): 3112.

［44］You Y, Ye Y W, Wei M L, et al. Three-dimensional MoS₂/rgo foams as efficient sulfur hosts for high-performance lithium-sulfur batteries［J］. Chemical Engineering Journal, 2019, 355: 671-678.

［45］Xia Q, Tan Q Q. Tubular hierarchical structure composed of o-doped ultrathin MoS₂ nanosheets grown on carbon microtubes with enhanced lithium ion storage properties［J］. Journal of Alloys and Compounds, 2019, 779: 156-166.

［46］Wang L L, Zhang Q F, Zhu J Y, et al. Nature of extra capacity in MoS₂ electrodes: Molybdenum atoms accommodate with lithium［J］. Energy Storage Materials, 2019, 16: 37-45.

［47］Sun D, Huang D, Wang H Y, et al. 1T MoS₂ nanosheets with extraordinary sodium storage properties via thermal-driven ion intercalation assisted exfoliation of bulky MoS₂［J］. Nano Energy, 2019, 61: 361-369.

［48］Shao G L, Xue X X, Zhou X L, et al. Shape-engineered synthesis of atomically thin 1T-SnS₂ catalyzed by potassium halides［J］. ACS Nano, 2019, 13(7): 8265-8274.

［49］Ren Z L, Wen J, Liu W, et al. Rational design of layered SnS₂ on ultralight graphene fiber fabrics as binder-free anodes for enhanced practical capacity of sodium-ion batteries［J］. Nano-Micro Letters, 2019, 11(4): 173-184.

［50］Ou X, Cao L, Liang X H, et al. Fabrication of SnS₂/Mn₂SnS₄/carbon heterostructures for sodium-ion batteries with high initial coulombic efficiency and cycling stability［J］. ACS Nano, 2019, 13(3): 3666-3676.

［51］Liu Y Y, Zhang L, Zhao Y C, et al. Novel plasma-engineered MoS₂ nanosheets for superior lithium-ion batteries［J］. Journal of Alloys and Compounds, 2019, 787: 996-1003.

［52］Li Z, Sun P C, Zhan X, et al. Metallic 1t phase MoS₂/MnO composites with improved cyclability for lithium-ion battery anodes［J］. Journal of Alloys and Compounds, 2019, 796: 25-32.

［53］Li Y, Zhang R P, Zhou W, et al. Hierarchical MoS₂ hollow architectures with abundant mo vacancies for efficient sodium storage［J］. ACS Nano, 2019, 13(5): 5533-5540.

［54］Li J H, Han S B, Zhang C Y, et al. High-performance and reactivation characteristics of high-quality, graphene-supported SnS₂ heterojunctions for a lithium-ion battery anode［J］. ACS Applied Materials & Interfaces, 2019, 11(25): 22314-22322.

［55］Jiang Y, Song D Y, Wu J, et al. Sandwich-like SnS₂/graphene/SnS₂ with expanded interlayer distance as high-rate lithium/sodium-ion battery anode materials[J]. ACS Nano, 2019, 13 (8): 9100-9111.

[56] Hwang H, Kim H, Cho J. MoS₂ nanoplates consisting of disordered graphene-like layers for high rate lithium battery anode materials[J]. Nano Letters, 2011, 11(11): 4826-4830.

[57] Stephenson T, Li Z, Olsen B, et al. Lithium ion battery applications of molybdenum disulfide (MoS₂)nanocomposites[J]. Energy & Environmental Science, 2014, 7(1): 209-231.

[58] Liu J, Liu X W. Two-dimensional nanoarchitectures for lithium storage[J]. Advanced Materials, 2012, 24(30): 4097-4111.

[59] Xiao J, Choi D, Cosimbescu L, et al. Exfoliated MoS₂ nanocomposite as an anode material for lithium ion batteries[J]. Chemistry of Materials, 2010, 22(16): 4522-4524.

[60] Ding S J, Zhang D Y, Chen J S, et al. Facile synthesis of hierarchical MoS₂ microspheres composed of few-layered nanosheets and their lithium storage properties[J]. Nanoscale, 2012, 4(1): 95-98.

[61] Liu H, Su D W, Zhou R F, et al. Highly ordered mesoporous MoS₂ with expanded spacing of the(002)crystal plane for ultrafast lithium ion storage[J]. Advanced Energy Materials, 2012, 2(8): 970-975.

[62] Huang C C, Liu Y W, Zheng R T, et al. Interlayer gap widened TiS₂ for highly efficient sodium-ion storage[J]. Journal of Materials Science & Technology, 2022, 107: 64-69.

[63] Du G, Guo Z P, Wang S Q, Superior stability and high capacity of restacked molybdenum disulfide as anode material for lithium ion batteries[J]. Chemical Communications, 2010, 46 (7): 1106-1108.

[64] Naguib M, Halim J, Lu J, et al. New two-dimensional niobium and vanadium carbides as promising materials for li-ion batteries[J]. Journal of the American Chemical Society, 2013, 135(43): 15966-15969.

[65] Wen Y, He K, Zhu Y J, et al. Expanded graphite as superior anode for sodium-ion batteries [J]. Nature Communications, 2014, 5: 4033.

[66] Su D W, Dou S X, Wang G X. Ultrathin MoS₂ nanosheets as anode materials for sodium-ion batteries with superior performance[J]. Advanced Energy Materials, 2015, 5(6): 1401205.

[67] Seh Z W, Yu J H, Li W, et al. Two-dimensional layered transition metal disulphides for effective encapsulation of high-capacity lithium sulphide cathodes[J]. Nature Communications, 2014, 5: 5017.

[68] Acerce M, Voiry D, Chhowalla M. Metallic 1T phase MoS₂ nanosheets as supercapacitor electrode materials[J]. Nature Nanotechnology, 2015, 10(4): 313-318.

[69] Wu C Z, Lu X L, Peng L L, et al. Two-dimensional vanadyl phosphate ultrathin nanosheets

for high energy density and flexible pseudocapacitors［J］. Nature Communications, 2013, 4: 2431.

［70］Ratan A, Tripathi A, Singh V. Swift heavy ion beam modified MoS_2-PVA nanocomposite free-standing electrodes for polymeric electrolyte based asymmetric supercapacitor［J］. Vacuum, 2021, 184: 109992.

［71］Hu Z H, Hernandez-Martinez P L, Liu X, et al. Trion-mediated forster resonance energy transfer and optical gating effect in WS_2/hBN/$MoSe_2$ heterojunction［J］. ACS Nano, 2020, 14 (10): 13470-13477.

［72］Gao Y P, Wei Z N, Xu J. High-performance asymmetric supercapacitor based on 1T-MoS_2 and mgal-layered double hydroxides［J］. Electrochimica Acta, 2020, 330: 135195.

［73］Zhang X, Grajal J, Vazquez-Roy J L, et al. Two-dimensional MoS_2-enabled flexible rectenna for Wi-Fi-band wireless energy harvesting［J］. Nature, 2019, 566(7744): 368-372.

［74］Cao X H, Zheng B, Shi W H, et al. Reduced graphene oxide-wrapped MoO_3 composites prepared by using metal-organic frameworks as precursor for all-solid-state flexible supercapacitors［J］. Advanced Materials, 2015, 27(32): 4695-4701.

［75］Yoo J J, Balakrishnan K, Huang J, et al. Ultrathin planar graphene supercapacitors［J］. Nano Letters, 2011, 11(4): 1423-1427.

［76］Feng J, Sun X, Wu C, et al. Metallic few-layered VS_2 ultrathin nanosheets: High two-dimensional conductivity for in-plane supercapacitors［J］. Journal of the American Chemical Society, 2011, 133(44): 17832-17838.

［77］Sun G Z, Liu J Q, Zhang X, et al. Fabrication of ultralong hybrid microfibers from nanosheets of reduced graphene oxide and transition-metal dichalcogenides and their application as supercapacitors［J］. Angewandte Chemie, 2014, 53(46): 12576-12580.

［78］Cook T R, Dogutan D K, Reece S Y, et al. Solar energy supply and storage for the legacy and nonlegacy worlds［J］. Chemical Reviews, 2010, 110(11): 6474-6502.

［79］Roy-Mayhew J D, Aksay I A. Graphene materials and their use in dye-sensitized solar cells ［J］. Chemical Reviews, 2014, 114(12): 6323-6348.

［80］Jean J, Brown P R, Jaffe R L, et al. Pathways for solar photovoltaics［J］. Energy & Environmental Science, 2015, 8(4): 1200-1219.

［81］Liu Z K, Lau S P, Yan F. Functionalized graphene and other two-dimensional materials for photovoltaic devices: Device design and processing［J］. Chemical Society Reviews, 2015, 44 (15): 5638-5679.

［82］Schankler A M, Gao L Y, Rappe A M. Large bulk piezophotovoltaic effect of monolayer 2H-MoS_2［J］. The Journal of Physical Chemistry Letters, 2021, 12(4): 1244-1249.

［83］ Wu F, Li Q, Wang P, et al. High efficiency and fast van der waals hetero-photodiodes with a unilateral depletion region［J］. Nature Communications, 2019, 10: 4663.

［84］ Wang X D, Huang Y H, Liao J F, et al. In situ construction of a Cs_2SnI_6 perovskite nanocrystal/SnS_2 nanosheet heterojunction with boosted interfacial charge transfer［J］. Journal of the American Chemical Society, 2019, 141(34): 13434-13441.

［85］ Stoliaroff A, Jobic S, Latouche C. Optoelectronic properties of TiS_2: A never ended story tackled by density functional theory and many-body methods［J］. Inorganic Chemistry, 2019, 58(3): 1949-1957.

［86］ Jariwala D, Sangwan V K, Lauhon L J, et al. Emerging device applications for semiconducting two-dimensional transition metal dichalcogenides［J］. ACS Nano, 2014, 8(2): 1102-1120.

［87］ Splendiani A, Sun L, Zhang Y, et al. Emerging photoluminescence in monolayer MoS_2［J］. Nano Letters, 2010, 10(4): 1271-1275.

［88］ Shanmugam M, Jacobs-Gedrim R, Song E S, et al. Two-dimensional layered semiconductor/ graphene heterostructures for solar photovoltaic applications［J］. Nanoscale, 2014, 6(21): 12682-12689.

［89］ Tsai M L, Su S H, Chang J K, et al. Monolayer MoS_2 heterojunction solar cells［J］. ACS Nano, 2014, 8(8): 8317-8322.

［90］ Lin S S, Li X Q, Wang P Q, et al. Interface designed MoS_2/GaAs heterostructure solar cell with sandwich stacked hexagonal boron nitride［J］. Scientific Reports, 2015, 5: 15103.

［91］ Lackner L, Dusel M, Egorov O A, et al. Tunable exciton-polaritons emerging from WS_2 monolayer excitons in a photonic lattice at room temperature［J］. Nature Communications, 2021, 12: 4933.

［92］ Shanmugam M, Bansal T, Durcan C A, et al. Molybdenum disulphide/titanium dioxide nano-composite-poly 3-hexylthiophene bulk heterojunction solar cell［J］. Applied Physics Letters, 2012, 100(15): 153901.

［93］ Shanmugam M, Durcan C A, Jacobs-Gedrim R, et al. Layered semiconductor tungsten disulfide: Photoactive material in bulk heterojunction solar cells［J］. Nano Energy, 2013, 2(3): 419-424.

［94］ Nassiri Nazif K, Daus A, Hong J, et al. High-specific-power flexible transition metal dichalcogenide solar cells［J］. Nature Communications, 2021, 12: 7034.

［95］ Chen Y, Lai Z, Zhang X, et al. Phase engineering of nanomaterials［J］. Nature Reviews Chemistry, 2020, 4(5): 243-256.

［96］ Chang M C, Ho P H, Tseng M F, et al. Fast growth of large-grain and continuous MoS_2 films through a self-capping vapor-liquid-solid method［J］. Nature Communications, 2020,

11：3682.

[97] Zhang T, Fujisawa K, Granzier‐Nakajima T, et al. Clean transfer of 2D transition metal dichalcogenides using cellulose acetate for atomic resolution characterizations[J]. ACS Applied Nano Materials, 2019, 2(8)：5320‐5328.

[98] Zhang Q, Fu L. Novel insights and perspectives into weakly coupled ReS$_2$ toward emerging applications[J]. Chem, 2019, 5(3)：505‐525.

[99] Yang S J, Choi S, Odongo Ngome F O, et al. All‐dry transfer of graphene film by van der waals interactions[J]. Nano Letters, 2019, 19(6)：3590‐3596.

[100] Xiao Y H, Miara LJ, Wang Y, et al. Computational screening of cathode coatings for solid‐state batteries[J]. Joule, 2019, 3(5)：1252‐1275.

[101] Vazirisereshk M R, Ye H, Ye Z, et al. Origin of nanoscale friction contrast between supported graphene, MoS$_2$, and a graphene/MoS$_2$ heterostructure[J]. Nano Letters, 2019, 19(8)：5496‐5505.

[102] Lin X P, Xue D Y, Zhao L Z, et al. In‐situ growth of 1T/2H‐MoS$_2$ on carbon fiber cloth and the modification of SnS$_2$ nanoparticles：A three‐dimensional heterostructure for high‐performance flexible lithium‐ion batteries[J]. Chemical Engineering Journal, 2019, 356：483‐491.

[103] Li S J, Zhao X Q, An Y L, YSZ/MoS$_2$ self‐lubricating coating fabricated by thermal spraying and hydrothermal reaction[J]. Ceramics International, 2018, 44(15)：17864‐17872.

[104] Coleman J N, Lotya M, O'Neill A, et al. Two‐dimensional nanosheets produced by liquid exfoliation of layered materials[J]. Science, 2011, 331(6017)：568‐571.

[105] Nicolosi V, Chhowalla M, Kanatzidis M G, et al. Liquid exfoliation of layered materials[J]. Science, 2013, 340(6139)：1226419.

[106] Chowdhury T, Sadler E C, Kempa T J. Progress and prospects in transition‐metal dichalcogenide research beyond 2D[J]. Chemical Reviews, 2020, 120(22)：12563‐12591.

[107] Chen W S, Gu J J, Liu Q L, et al. Quantum dots of 1t phase transitional metal dichalcogenides generated via electrochemical li intercalation[J]. ACS Nano, 2018, 12(1)：308‐316.

[108] Zhu G H, Liu J, Zheng Q, et al. Tuning thermal conductivity in molybdenum disulfide by electrochemical intercalation[J]. Nature Communications, 2016, 7：13211.

[109] Tian B B, Tang W, Leng K, et al. Phase transformations in TiS$_2$ during K intercalation[J]. ACS Energy Letters, 2017, 2(8)：1835‐1840.

[110] Wang H, Lv W Z, Shi J, et al. Efficient liquid nitrogen exfoliation of MoS$_2$ ultrathin nanosheets in the pure 2h phase[J]. ACS Sustainable Chemistry & Engineering, 2019, 8(1)：84‐90.

[111] Vera-Hidalgo M, Giovanelli E, Navío C, et al. Mild covalent functionalization of transition metal dichalcogenides with maleimides: A "click" reaction for 2H-MoS$_2$ and WS$_2$[J]. Journal of the American Chemical Society, 2019, 141(9): 3767-3771.

[112] Ries L, Petit E, Michel T, et al. Enhanced sieving from exfoliated MoS$_2$ membranes via covalent functionalization[J]. Nature Materials, 2019, 18(10): 1112-1117.

[113] Ding W, Hu L, Dai J M, et al. Highly ambient-stable 1T-MoS$_2$ and 1T-WS$_2$ by hydrothermal synthesis under high magnetic fields[J]. ACS Nano, 2019, 13(2): 1694-1702.

[114] Zhou J, Zhu C, Zhou Y, et al. Composition and phase engineering of metal chalcogenides and phosphorous chalcogenides[J]. Nature Materials, 2022, https://doi.org/10.1038.

[115] Li Z, Zheng J, Xiao M, et al. Three-dimensional 1T-SnS$_2$ wrapped with graphene for sodium-ion battery anodes with highly reversible sodiation/desodiation[J]. Scripta Materialia, 2022, 211: 114500.

[116] Thi Q H, Wong L W, Liu H, et al. Spontaneously ordered hierarchical two-dimensional wrinkle patterns in two-dimensional materials[J]. Nano Letters, 2020, 20(11): 8420-8425.

[117] Tang L, Li T, Luo Y T, et al. Vertical chemical vapor deposition growth of highly uniform 2D transition metal dichalcogenides[J]. ACS Nano, 2020, 14(4): 4646-4653.

[118] Shi R, He P G, Cai X B, et al. Oxide inhibitor-assisted growth of single-layer molybdenum dichalcogenides(MX$_2$, X = S, Se, Te) with controllable molybdenum release[J]. ACS Nano, 2020, 14(6): 7593-7601.

[119] Luo R C, Xu W W, Zhang Y Z, et al. Van der waals interfacial reconstruction in monolayer transition-metal dichalcogenides and gold heterojunctions[J]. Nature Communications, 2020, 11: 1011.

[120] Fu S C, Kang K, Shayan K, et al. Enabling room temperature ferromagnetism in monolayer MoS$_2$ via in situ iron-doping[J]. Nature Communications, 2020, 11: 2034.

[121] Cai Z Y, Liu B L, Zou X L, et al. Chemical vapor deposition growth and applications of two-dimensional materials and their heterostructures[J]. Chemical Reviews, 2018, 118(13): 6091-6133.

[122] Seok H, Megra Y T, Kanade C K, et al. Low-temperature synthesis of wafer-scale MoS$_2$-WS$_2$ vertical heterostructures by single-step penetrative plasma sulfurization[J]. ACS Nano, 2021, 15(1): 707-715.

[123] Cai L, He J F, Liu Q H, et al. Vacancy-induced ferromagnetism of MoS$_2$ nanosheets[J]. Journal of the American Chemical Society, 2015, 137(7): 2622-2627.

［124］ Huo J H, Wu J H, Zheng M, et al. Hydrothermal synthesis of $CoMoO_4/Co_9S_8$ hybrid nanotubes based on counter electrodes for highly efficient dye-sensitized solar cells[J]. RSC Advances, 2015, 5(101): 83029-83035.

［125］ Miyake M, Suginohara M, Narahara N, et al. Low-temperature hydrothermal synthesis of colloidal crystal templated nanostructured single-crystalline ZnO[J]. Chemistry of Materials, 2017, 29(22): 9734-9741.

［126］ Tan H, Hu W, Wang C, et al. Intrinsic ferromagnetism in mn-substituted MoS_2 nanosheets achieved by supercritical hydrothermal reaction[J]. Small, 2017, 13(39): 1701389.

［127］ Liu J Y, Zhang H G, Wang J J, et al. Hydrothermal fabrication of three-dimensional secondary battery anodes[J]. Advanced Materials, 2014, 26(41): 7096-7101.

［128］ Darr J A, Zhang J, Makwana N M, et al. Continuous hydrothermal synthesis of inorganic nanoparticles: Applications and future directions[J]. Chemical Reviews, 2017, 117(17): 11125-11238.

［129］ Liu N, KIMP, Kim J H, et al. Large-area atomically thin MoS_2 nanosheets prepared using electrochemical exfoliation[J]. ACS Nano, 2014, 8(7): 6902-6910.

［130］ Ji Q Q, Zhang Y F, Gao T, et al. Epitaxial monolayer MoS_2 on mica with novel photoluminescence[J]. Nano Letters, 2013, 13(8): 3870-3877.

［131］ Shi Y M, Zhang H, Chang W H, et al. Synthesis and structure of two-dimensional transition-metal dichalcogenides[J]. MRS Bulletin, 2015, 40(7): 566-576.

［132］ Liu L, Li T T, Ma L, et al. Uniform nucleation and epitaxy of bilayer molybdenum disulfide on sapphire[J]. Nature, 2022, 605(7908): 69-75.

［133］ Yan Z, Poh E T, Zhang Z, et al. Band nesting bypass in WS_2 monolayers via forster resonance energy transfer[J]. ACS Nano, 2020, 14(5): 5946-5955.

［134］ Salazar N, Rangarajan S, Rodriguez-Fernandez J, et al. Site-dependent reactivity of MoS_2 nanoparticles in hydrodesulfurization of thiophene[J]. Nature Communications, 2020, 11: 4369.

［135］ Liao M Z, Wei Z, Du L J, et al. Precise control of the interlayer twist angle in large scale MoS_2 homostructures[J]. Nature Communications, 2020, 11: 2153.

［136］ Zhu J J, Xu H, Zou G F, et al. MoS_2-OH bilayer-mediated growth of inch-sized monolayer MoS_2 on arbitrary substrates[J]. Journal of the American Chemical Society, 2019, 141(13): 5392-5401.

［137］ Yang T, Zheng B, Wang Z, et al. Van der waals epitaxial growth and optoelectronics of large-scale WSe_2/SnS_2 vertical bilayer p-n junctions[J]. Nature Communications, 2017, 8: 1906.

［138］ Nikam R D, Sonawane P A, Sankar R, et al. Epitaxial growth of vertically stacked p-MoS_2/

n－MoS$_2$ heterostructures by chemical vapor deposition for light emitting devices[J]. Nano Energy, 2017, 32: 454-462.

[139] Lee Y H, Zhang X Q, Zhang W, et al. Synthesis of large－area MoS$_2$ atomic layers with chemical vapor deposition[J]. Advanced Materials, 2012, 24(17): 2320-2325.

[140] Huang J K, Pu J, Hsu C L, et al. Large－area synthesis of highly crystalline WSe$_2$ monolayers and device applications[J]. ACS Nano, 2014, 8(1): 923-930.

[141] Chang Y H, Zhang W, Zhu Y, et al. Monolayer MoSe$_2$ grown by chemical vapor deposition for fast photodetection[J]. ACS Nano, 2014, 8(8): 8582-8590.

[142] Wan C, Tian R, Kondou M, et al. Ultrahigh thermoelectric power factor in flexible hybrid inorganic－organic superlattice[J]. Nature Communications, 2017, 8: 1024.

[143] Wan C L, Gu X K, Dang F, et al. Flexible n－type thermoelectric materials by organic intercalation of layered transition metal dichalcogenide TiS$_2$[J]. Nature Materials, 2015, 14 (6): 622-627.

[144] Qian Q, Ren H Y, Zhou J Y, et al. Chiral molecular intercalation superlattices[J]. Nature, 2022, 606(7916): 902-908.

[145] Zhou J Y, Lin Z Y, Ren H Y, et al. Layered intercalation materials[J]. Advanced Materials, 2021, 33(25): 2004557.

[146] Li W B, Qian X F, Li J. Phase transitions in 2D materials[J]. Nature Reviews Materials, 2021, 6(9): 829-846.

[147] Zhao X X, Song P, Wang C, et al. Engineering covalently bonded 2D layered materials by self－intercalation[J]. Nature, 2020, 581(7807): 171-177.

[148] Weng C C, Luo Y Y, Wang B F, et al. Layer－dependent SERS enhancement of TiS$_2$ prepared by simple electrochemical intercalation[J]. Journal of Materials Chemistry C, 2020, 8 (40): 14138-14145.

[149] Taboada-Gutierrez J, Alvarez-Perez G, Duan J, et al. Broad spectral tuning of ultra－low－loss polaritons in a van der waals crystal by intercalation[J]. Nature Materials, 2020, 19 (9): 964-968.

[150] Srimuk P, Su X, Yoon J, et al. Charge－transfer materials for electrochemical water desalination, ion separation and the recovery of elements[J]. Nature Reviews Materials, 2020, 5 (7): 517-538.

[151] Sapkota B, Liang W, VahidMohammadi A, et al. High permeability sub－nanometre sieve composite MoS$_2$ membranes[J]. Nature Communications, 2020, 11: 2747.

[152] Padmajan Sasikala S, Singh Y, Bing L, et al. Longitudinal unzipping of 2D transition metal dichalcogenides[J]. Nature Communications, 2020, 11: 5032.

［153］Yazdani S, Yarali M, Cha J J. Recent progress on in situ characterizations of electrochemically intercalated transition metal dichalcogenides[J]. Nano Research, 2019, 12: 2126-2139.

［154］Young V G, McKelvy M J, Glaunsinger W S, et al. Structural investigation of lithium – ammonia intercalation compounds of titanium sulfide (TiS_2) [J]. Chemistry of Materials, 1990, 2(1): 75-81.

［155］Wang L F, Xu Z, Wang W L, et al. Atomic mechanism of dynamic electrochemical lithiation processes of MoS_2 nanosheets [J]. Journal of the American Chemical Society, 2014, 136 (18): 6693-6697.

［156］Wang P Y, Sun S M, Jiang Y, et al. Hierarchical microtubes constructed by MoS_2 nanosheets with enhanced sodium storage performance[J]. ACS Nano, 2020, 14(11): 15577-15586.

［157］Wang P J, Song S P, Najafi A, et al. High-fidelity transfer of chemical vapor deposition grown 2D transition metal dichalcogenides via substrate decoupling and polymer/small molecule composite[J]. ACS Nano, 2020, 14(6): 7370-7379.

［158］Wang J B, Huang J J, Huang S P, et al. Rational design of hierarchical SnS_2 microspheres with s vacancy for enhanced sodium storage performance[J]. ACS Sustainable Chemistry & Engineering, 2020, 8(25): 9519-9525.

［159］Zhu J H, Chen Z, Jia L, et al. Solvent-free nanocasting toward universal synthesis of ordered mesoporous transition metal sulfide @ N – doped carbon composites for electrochemical applications[J]. Nano Research, 2019, 12: 2250-2258.

［160］Zhou J, Liu X J, Zhou J B, et al. Fully integrated hierarchical double-shelled Co_9S_8 @ CNT nanostructures with unprecedented performance for Li-S batteries[J]. Nanoscale Horizons, 2019, 4(1): 182-189.

［161］Huang Y C, Sun Y H, Zheng X L, et al. Atomically engineering activation sites onto metallic 1T-MoS_2 catalysts for enhanced electrochemical hydrogen evolution[J]. Nature Communications, 2019, 10: 982.

［162］Cook J B, Lin T C, Kim H S, et al. Suppression of electrochemically driven phase transitions in nanostructured MoS_2 pseudocapacitors probed using operando x – ray diffraction[J]. ACS Nano, 2019, 13(2): 1223-1231.

［163］Quilty C D, Housel L M, Bock D C, et al. Ex situ and operando XRD and XAS analysis of MoS_2: A lithiation study of bulk and nanosheet materials[J]. ACS Applied Energy Materials, 2019, 2(10): 7635-7646.

［164］Li C, Liu S, Shi C, et al. Two-dimensional molecular brush-functionalized porous bilayer composite separators toward ultrastable high-current density lithium metal anodes[J]. Nature communications, 2019, 10: 1363.

［165］ Acerce M, Akdogan E K, Chhowalla M. Metallic molybdenum disulfide nanosheet-based electrochemical actuators［J］. Nature, 2017, 549: 370-373.

［166］ Wang H, Lu Z, Xu S, et al. Electrochemical tuning of vertically aligned MoS$_2$ nanofilms and its application in improving hydrogen evolution reaction［J］. Proceedings of the National Academy of Sciences of the United States of America, 2013, 110(49): 19701-19706.

［167］ Zhu J, Wang Z C, Dai H, et al. Boundary activated hydrogen evolution reaction on monolayer MoS$_2$［J］. Nature Communications, 2019, 10: 1348.

［168］ Qi K, Cui X Q, Gu L, et al. Single-atom cobalt array bound to distorted 1T-MoS$_2$ with ensemble effect for hydrogen evolution catalysis［J］. Nature Communications, 2019, 10: 5231.

［169］ Lau T H M, Wu S, Kato R, et al. Engineering monolayer 1T-MoS$_2$ into a bifunctional electro-catalyst via sonochemical doping of isolated transition metal atoms［J］. ACS Catalysis, 2019, 9(8): 7527-7534.

［170］ Jian J, Li H, Sun X J, et al. 1T-2H Cr$_x$MoS$_2$ ultrathin nanosheets for durable and enhanced hydrogen evolution reaction［J］. ACS Sustainable Chemistry & Engineering, 2019, 7(7): 7227-7232.

［171］ Voiry D, Fullon R, Yang J, et al. The role of electronic coupling between substrate and 2D MoS$_2$ nanosheets in electrocatalytic production of hydrogen［J］. Nature Materials, 2016, 15(9): 1003-1009.

［172］ Eda G, Yamaguchi H, Voiry D, et al. Photoluminescence from chemically exfoliated MoS$_2$［J］. Nano letters, 2011, 11(12): 5111-5116.

［173］ Wang W, Zeng X, Warner J H, et al. Photoresponse-bias modulation of a high-performance MoS$_2$ photodetector with a unique vertically stacked 2H-MoS$_2$/1T@2H-MoS$_2$ structure［J］. ACS Applied Materials & Interfaces, 2020, 12(29): 33325-33335.

［174］ Schauble K, Zakhidov D, Yalon E, et al. Uncovering the effects of metal contacts on monolayer MoS$_2$［J］. ACS Nano, 2020, 14(11): 14798-14808.

［175］ Li L J, Zhang J, Myeong G, et al. Gate-tunable reversible rashba-edelstein effect in a few-layer graphene/2H-TaS$_2$ heterostructure at room temperature［J］. ACS Nano, 2020, 14(5): 5251-5259.

［176］ Hedlund J K, Walker A V. Modulating the electronic properties of Au-MoS$_2$ interfaces using functionalized self-assembled monolayers［J］. Langmuir, 2020, 36(3): 682-688.

［177］ Chowdhury T, Kim J, Sadler E C, et al. Substrate-directed synthesis of MoS$_2$ nanocrystals with tunable dimensionality and optical properties［J］. Nature Nanotechnology, 2020, 15(1): 29-34.

［178］ Zheng X L, Guo Z H, Zhang G Y, et al. Building a lateral/vertical 1T-2H MoS$_2$/Au heterostructure for enhanced photoelectrocatalysis and surface enhanced raman scattering[J]. Journal of Materials Chemistry A, 2019, 7(34): 19922-19928.

[179] Wei Y F, Tran V T, Zhao C Y, et al. Robust photodetectable paper from chemically exfoliated MoS_2 - MoO_3 multilayers[J]. ACS Applied Materials & Interfaces, 2019, 11(24): 21445-21453.

[180] Cui Q N, Zhao H. Coherent control of nanoscale ballistic currents in transition metal dichalcogenide ReS_2[J]. ACS Nano, 2015, 9(4): 3935-3941.

[181] Kappera R, Voiry D, Yalcin S E, et al. Phase-engineered low-resistance contacts for ultrathin MoS_2 transistors[J]. Nature Materials, 2014, 13(12): 1128-1134.

[182] Wang H T, Yuan H T, Sae Hong S, et al. Physical and chemical tuning of two-dimensional transition metal dichalcogenides[J]. Chemical Society Reviews, 2015, 44(9): 2664-2680.

[183] Yadav S, Chaudhary S, Pandya D K. Effect of 2D MoS_2 and graphene interfaces with $CoSb_3$ nanoparticles in enhancing thermoelectric properties of 2D MoS_2 - $CoSb_3$ and graphene - $CoSb_3$ nanocomposites[J]. Ceramics International, 2018, 44(9): 10628-10634.

[184] Tian R M, Wan C L, Wang Y F, et al. A solution-processed TiS_2/organic hybrid superlattice film towards flexible thermoelectric devices[J]. Journal of Materials Chemistry A, 2017, 5(2): 564-570.

[185] Han C, Sun Q, Li Z, et al. Thermoelectric enhancement of different kinds of metal chalcogenides[J]. Advanced Energy Materials, 2016, 6(15): 1600498.

[186] Kim Y, Jeong W, Kim K, et al. Electrostatic control of thermoelectricity in molecular junctions[J]. Nature Nanotechnology, 2014, 9(11): 881-885.

[187] Wan C L, Wang Y F, Wang N, et al. Intercalation: Building a natural superlattice for better thermoelectric performance in layered chalcogenides[J]. Journal of Electronic Materials, 2011, 40(5): 1271-1280.

[188] Sood A, Xiong F, Chen S D, An electrochemical thermal transistor[J]. Nature Communications, 2018, 9: 4510.

[189] Li X F, Zhang J J, Puretzky A A, et al. Isotope-engineering the thermal conductivity of two-dimensional MoS_2[J]. ACS Nano, 2019, 13(2): 2481-2489.

[190] Hu L S, Liu Y, Hu S Q, et al. 1T/2H multi-phase MoS_2 heterostructures: Synthesis, characterization and thermal catalysis decomposition of dihydroxylammonium 5,5'-bistetrazole-1,1'-diolate[J]. New Journal of Chemistry, 2019, 43(26): 10434-10441.

[191] Ren X L, Geng P, Jiang Q, et al. Synthesis of degradable titanium disulfide nanoplates for photothermal ablation of tumors[J]. Materials Today Advances, 2022, 14: 100241.

[192] Kim S E, Mujid F, Rai A, et al. Extremely anisotropic van der waals thermal conductors[J].

Nature, 2021, 597(7878): 660-665.

[193] Zhao B, Guo C, Garcia C A C, et al. Axion-field-enabled nonreciprocal thermal radiation in weyl semimetals[J]. Nano Letters, 2020, 20(3): 1923-1927.

[194] Morosan E, Zandbergen H W, Dennis B S, et al. Superconductivity in Cu_xTiSe_2[J]. Nature Physics, 2006, 2(8): 544-550.

[195] de la Barrera S C, Sinko M R, Gopalan D P, et al. Tuning ising superconductivity with layer and spin-orbit coupling in two-dimensional transition-metal dichalcogenides [J]. Nature Communications, 2018, 9: 1427.

[196] Hsu Y T, Vaezi A, Fischer M H, et al. Topological superconductivity in monolayer transition metal dichalcogenides[J]. Nature Communications, 2017, 8: 14985.

[197] Zhang R Y, Tsai I L, Chapman J, et al. Superconductivity in potassium-doped metallic polymorphs of MoS_2[J]. Nano Letters, 2016, 16(1): 629-636.

[198] Navarro-Moratalla E, Island J O, Manas-Valero S, et al. Enhanced superconductivity in atomically thin TaS_2[J]. Nature Communications, 2016, 7: 11043.

[199] Kavokin A, Lagoudakis P. Exciton-polariton condensates: Exciton-mediated superconductivity [J]. Nature Materials, 2016, 15(6): 599-600.

[200] Sajadi E, Palomaki T, Fei Z, et al. Gate-induced superconductivity in a monolayer topological insulator[J]. 2018, 362(6417): 922-925.

[201] Kamysbayev V, Filatov A S, Hu H, et al. Covalent surface modifications and superconductivity of two-dimensional metal carbide Mxenes[J]. Science, 2020, 369(6506): 979-983.

[202] Fang Y Q, Pan J, He J Q, et al. Structure re-determination and superconductivity observation of bulk 1T MoS_2[J]. Angewandte Chemie, 2018, 57(5): 1232-1235.

[203] Sen U K, Johari P, Basu S, et al. An experimental and computational study to understand the lithium storage mechanism in molybdenum disulfide[J]. Nanoscale, 2014, 6(17): 10243-10254.

[204] Xia S S, Wang Y R, Liu Y, et al. Ultrathin MoS_2 nanosheets tightly anchoring onto nitrogen-doped graphene for enhanced lithium storage properties[J]. Chemical Engineering Journal, 2018, 332: 431-439.

[205] Jiang H, Hu Y J, Guo S J, et al. Rational design of MnO/carbon nanopeapods with internal void space for high-rate and long-life Li-ion batteries[J]. ACS Nano, 2014, 8(6): 6038-6046.

[206] Li X W, Li D, Qiao L, et al. Interconnected porous MnO nanoflakes for high-performance lithium ion battery anodes[J]. Journal of Materials Chemistry, 2012, 22(18): 9189.

[207] Jiao Y C, Mukhopadhyay A, Ma Y, et al. Ion transport nanotube assembled with vertically

aligned metallic MoS_2 for high rate lithium−ion batteries［J］. Advanced Energy Materials, 2018, 8(15): 1702779.

［208］Xiang T, Fang Q, Xie H, et al. Vertical $1T−MoS_2$ nanosheets with expanded interlayer spacing edged on a graphene frame for high rate lithium−ion batteries［J］. Nanoscale, 2017, 9 (21): 6975−6983.

［209］Geng Q, Tong X, Wenya G E, et al. Humate−assisted synthesis of MoS_2/C nanocomposites via co−precipitation/calcination route for high performance lithium ion batteries［J］. Nanoscale Research Letters, 2018, 13: 129.

［210］Zhou L, Cao Z, Zhang J, et al. Engineering sodium−ion solvation structure to stabilize sodium anodes: Universal strategy for fast−charging and safer sodium−ion batteries［J］. Nano Letters, 2020, 20(5): 3247−3254.

［211］Wan H L, Mwizerwa J P, Qi X G, et al. Core−shell $Fe_{1-x}S@Na_{2.9}PS_{3.95}Se_{0.05}$ nanorods for room temperature all−solid−state sodium batteries with high energy density［J］. ACS Nano, 2018, 12(3): 2809−2817.

［212］Xu X, Zhao R S, Chen B, et al. Progressively exposing active facets of 2D nanosheets toward enhanced pseudocapacitive response and high−rate sodium storage［J］. Advanced Materials, 2019, 31(17): 1900526.

［213］Zhang Y, Xia X H, Liu B, et al. Multiscale graphene−based materials for applications in sodium ion batteries［J］. Advanced Energy Materials, 2019, 9(8): 1803342.

［214］Shadike Z, Zhao E, Zhou Y N, et al. Advanced characterization techniques for sodium−ion battery studies［J］. Advanced Energy Materials, 2018, 8(17): 1702588.

［215］Zeng M Q, Xiao Y, Liu J X, et al. Exploring two−dimensional materials toward the next−generation circuits: From monomer design to assembly control［J］. Chemical Reviews, 2018, 118(13): 6236−6296.

［216］Liu X, Pei J J, Hu Z H, et al. Manipulating charge and energy transfer between 2D atomic layers via heterostructure engineering［J］. Nano Letters, 2020, 20(7): 5359−5366.

［217］Hu Z, Hernández−Martínez P L, Liu X, et al. Trion−mediated förster resonance energy transfer and optical gating effect in $WS_2/hBN/MoSe_2$ heterojunction［J］. ACS Nano, 2020, 14 (10): 13470−13477.

［218］Xue Y H, Zhang Q, Wang W, et al. Opening two−dimensional materials for energy conversion and storage: A concept［J］. Advanced Energy Materials, 2017, 7(19): 1602684.

［219］del Aguila A G, Liu S, THU HA Do T, et al. Linearly polarized luminescence of atomically thin MoS_2 semiconductor nanocrystals［J］. ACS Nano, 2019, 13(11): 13006−13014.

［220］Jin X Z, Huang H, Wu A M, et al. Inverse capacity growth and pocket effect in SnS_2

semifilled carbon nanotube anode[J]. ACS Nano, 2018, 12(8): 8037-8047.

[221] Yao R Q, Shi H, Wan W B, et al. Flexible Co-Mo-N/Au electrodes with a hierarchical nanoporous architecture as highly efficient electrocatalysts for oxygen evolution reaction[J]. Advanced materials, 2020, 32(10): 1907214.

[222] Wu J B, Lin M L, Cong X, et al. Raman spectroscopy of graphene-based materials and its applications in related devices[J]. Chemical Society Reviews, 2018, 47(5): 1822-1873.

[223] Zhou X, Zhang Q, Gan L, et al. Booming development of group Ⅳ-Ⅵ semiconductors: Fresh blood of 2D family[J]. Advanced Science, 2016, 3(12): 1600177.

[224] Cui J, Yao S S, Lu Z H, et al. Revealing pseudocapacitive mechanisms of metal dichalcogenide SnS$_2$/graphene-CNT aerogels for high-energy Na hybrid capacitors[J]. Advanced Energy Materials, 2018, 8(10): 1702488.

[225] Tu F Z, Xu X, Wang P Z, et al. A few-layer SnS$_2$/reduced graphene oxide sandwich hybrid for efficient sodium storage[J]. The Journal of Physical Chemistry C, 2017, 121(6): 3261-3269.

[226] Liu Y, Yang Y Z, Wang X Z, et al. Flexible paper-like free-standing electrodes by anchoring ultrafine SnS$_2$ nanocrystals on graphene nanoribbons for high-performance sodium ion batteries [J]. ACS Applied Materials & Interfaces, 2017, 9(18): 15484-15491.

[227] Cheng L, Li D, Dong X T, et al. Synthesis, characterization and photocatalytic performance of sns nanofibers and snse nanofibers derived from the electrospinning-made SnO$_2$ nanofibers [J]. Materials Research, 2017, 20(6): 1748-1755.

[228] Takahara H. Thickness and composition analysis of thin film samples using fp method by XRF analysis[J]. Rigaku Journal, 2017, 32(2): 17-21.

[229] Thangavel R, Samuthira Pandian A, Ramasamy H V, et al. Rapidly synthesized, few-layered pseudocapacitive SnS$_2$ anode for high-power sodium ion batteries[J]. ACS Applied Materials & Interfaces, 2017, 9(46): 40187-40196.

[230] Li Z, Zhan X, Zhu W F, et al. Carbon-free, high-capacity and long cycle life 1d-2D NiMoO$_4$ nanowires/metallic 1T MoS$_2$ composite lithium-ion battery anodes[J]. ACS Applied Materials & Interfaces, 2019, 11(47): 44593-44600.

[231] Zhou P, Wang X, Guan W H, et al. SnS$_2$ nanowall arrays toward high-performance sodium storage[J]. ACS Applied Materials & Interfaces, 2017, 9(8): 6979-6987.

[232] Ma T Y, Xu H Y, Yu X N, et al. Lithiation behavior of coaxial hollow nanocables of carbon-silicon composite[J]. ACS Nano, 2019, 13(2): 2274-2280.

[233] Zhang Q C, Li C W, Li Q L, et al. Flexible and high-voltage coaxial-fiber aqueous rechargeable zinc-ion battery[J]. Nano Letters, 2019, 19(6): 4035-4042.

［234］Yang Z Y，Zhang P，Wang J，et al. Hierarchical carbon@ SnS_2 aerogel with "skeleton/skin" architectures as a high-capacity，high-rate capability and long cycle life anode for sodium ion storage［J］. ACS Applied Materials & Interfaces，2018，10(43)：37434-37444.

［235］Wang J J，Luo C，Mao J F，et al. Solid-state fabrication of SnS_2/C nanospheres for high-performance sodium ion battery anode［J］. ACS Applied Materials & Interfaces，2015，7(21)：11476-11481.

［236］Li B，Xing T，Zhong M Z，et al. A two-dimensional Fe-doped SnS_2 magnetic semiconductor［J］. Nature Communications，2017，8：1958.

［237］Cao M，Yao K，Wu C，et al. Facile synthesis of sns and SnS_2 nanosheets for FTO/SnS/SnS_2/Pt photocathode［J］. ACS Applied Energy Materials，2018，1(11)：6497-6504.

［238］Pyeon J J，Baek I H，Lim W C，et al. Low-temperature wafer-scale synthesis of two-dimensional SnS_2［J］. Nanoscale，2018，10(37)：17712-17721.

［239］Shown I，Samireddi S，Chang Y C，et al. Carbon-doped SnS_2 nanostructure as a high-efficiency solar fuel catalyst under visible light［J］. Nature Communications，2018，9：169.

［240］Gong Y，Yuan H，Wu C L，et al. Spatially controlled doping of two-dimensional SnS_2 through intercalation for electronics［J］. Nature nanotechnology，2018，13(4)：294-299.

［241］Whittingham M S. Electrical energy storage and intercalation chemistry［J］. Science，1976，192(4244)：1126-1127.

［242］Li T Y，Liu Y H，Chitara B，et al. Li intercalation into 1D TiS_2(en)chains［J］. Journal of the American Chemistry Society，2014，136(8)：2986-2989.

［243］Clerc D G，Poshusta R D，Hess A C. Periodic hartree-fock study of Li_xTiS_2，$0 \leqslant x \leqslant 1$：The structural，elastic，and electronic effects of lithium intercalation in TiS_2［J］. The Journal of Physical Chemistry A，1997，101(47)：8926-8931.

［244］Whangbo M H，Rouxel J，Trichet L. Effects of sodium intercalation in titanium disulfide on the electronic structure of a TiS_2 slab［J］. Inorganic Chemistry，1985，24(12)：1824-1827.

［245］Srimuk P，Lee J，Tolosa A，et al. Titanium disulfide：A promising low-dimensional electrode material for sodium ion intercalation for seawater desalination［J］. Chemistry of Materials，2017，29(23)：9964-9973.

［246］Kolli S K，Van der Ven A. First-principles study of spinel $MgTiS_2$ as a cathode material［J］. Chemistry of Materials，2018，30(7)：2436-2442.

［247］Reshak A H. Copper-intercalated TiS_2：Electrode materials for rechargeable batteries as future power resources［J］. The Journal of Physical Chemistry A，2009，113(8)：1635-1645.

［248］Tchitchekova D S，Ponrouch A，Verrelli R，et al. Electrochemical intercalation of calcium and magnesium in TiS_2：Fundamental studies related to multivalent battery applications［J］.

Chemistry of Materials, 2018, 30(3): 847-856.

[249] Kim Y S, Kim H J, Jeon Y A, et al. Theoretical study on the correlation between the nature of atomic li intercalation and electrochemical reactivity in TiS_2 and TiO_2[J]. The Journal of Physical Chemistry A, 2009, 113(6): 1129-1133.

[250] Zhang L, Sun D, Kang J, et al. Tracking the chemical and structural evolution of the TiS_2 electrode in the lithium-ion cell using operando x-ray absorption spectroscopy[J]. Nano Letters, 2018, 18(7): 4506-4515.

[251] Unemoto A, Ikeshoji T, Yasaku S, et al. Stable interface formation between TiS_2 and $LiBH_4$ in bulk-type all-solid-state lithium batteries[J]. Chemistry of Materials, 2015, 27(15): 5407-5416.

[252] Chung S H, Luo L, Manthiram A. TiS_2-polysulfide hybrid cathode with high sulfur loading and low electrolyte consumption for lithium-sulfur batteries[J]. ACS Energy Letters, 2018, 3 (3): 568-573.

[253] Xiao Z B, Yang Z, Zhou L J, et al. Highly conductive porous transition metal dichalcogenides via water steam etching for high-performance lithium-sulfur batteries[J]. ACS Applied Materials & Interfaces, 2017, 9(22): 18845-18855.

[254] Yang E, Ji H, Jung Y. Two-dimensional transition metal dichalcogenide monolayers as promising sodium ion battery anodes[J]. The Journal of Physical Chemistry C, 2015, 119 (47): 26374-26380.

[255] Pereira A O, Miranda C R. First-principles investigation of transition metal dichalcogenide nanotubes for li and mg ion battery applications[J]. The Journal of Physical Chemistry C, 2015, 119(8): 4302-4311.

[256] Emly A, van der Ven A. Mg intercalation in layered and spinel host crystal structures for mg batteries[J]. Inorganic Chemistry, 2015, 54(9): 4394-4402.

[257] Geng L X, Scheifers J P, Fu C, et al. Titanium sulfides as intercalation-type cathode materials for rechargeable aluminum batteries[J]. ACS Applied Materials & Interfaces, 2017, 9(25): 21251-21257.

[258] Huang P, Yuan L G, Zhang K C, et al. Room-temperature and aqueous solution-processed two-dimensional TiS_2 as an electron transport layer for highly efficient and stable planar n-i-p perovskite solar cells[J]. ACS Applied Materials & Interfaces, 2018, 10(17): 14796-14802.

[259] Nguyen T P, Choi S, Jeon J M, et al. Transition metal disulfide nanosheets synthesized by facile sonication method for the hydrogen evolution reaction[J]. The Journal of Physical Chemistry C, 2016, 120(7): 3929-3935.

［260］Chen J, Li S L, Tao Z L, et al. Titanium disulfide nanotubes as hydrogen-storage materials ［J］. Journal of American Chemistry Society, 2003, 125(18): 5284-5285.

［261］Yuwen L H, Yu H, Yang X R, et al. Rapid preparation of single-layer transition metal dichalcogenide nanosheets via ultrasonication enhanced lithium intercalation ［J］. Chemical Communications, 2016, 52(3): 529-532.

［262］Bissett M A, Worrall S D, Kinloch I A, et al. Comparison of two-dimensional transition metal dichalcogenides for electrochemical supercapacitors ［J］. Electrochimica Acta, 2016, 201: 30-37.

［263］Yoo H D, Liang Y, Dong H, et al. Fast kinetics of magnesium monochloride cations in interlayer-expanded titanium disulfide for magnesium rechargeable batteries ［J］. Nature Communications, 2017, 8: 339.

［264］Li L, Li Z D, Yoshimura A, et al. Vanadium disulfide flakes with nanolayered titanium disulfide coating as cathode materials in lithium-ion batteries ［J］. Nature communications, 2019, 10: 1764.

［265］Fu M S, Yao Z P, Ma X, et al. Expanded lithiation of titanium disulfide: Reaction kinetics of multi-step conversion reaction ［J］. Nano Energy, 2019, 63: 103882.

［266］Manzeli S, Ovchinnikov D, Pasquier D, et al. 2D transition metal dichalcogenides ［J］. Nature Reviews Materials, 2017, 2(8): 17033.

［267］Zhou Y, Wan J Y, Li Q, et al. Chemical welding on semimetallic TiS_2 nanosheets for high-performance flexible n-type thermoelectric films ［J］. ACS Applied Materials & Interfaces, 2017, 9(49): 42430-42437.